아두이노
내친구
2편 라인트랙 자동차 만들기

코딩의 즐거움 - 아두이노

아두이노 자동차 만들기

2편 라인트랙 자동차 만들기

2017년 3월 20일 1판 1쇄 발행

저자 / 양세훈
발행자 / 김남일
기획 / 김종훈
마케팅 / 정지숙
디자인 / 디자인86

발행처 / **TOMATO**
주소 / 서울 동대문구 왕산로 225
TEL / 0502-600-4925
FAX / 0502-600-4924
website / **www.tomatobooks.co.kr**
e-mail / **tomatobooks@naver.com**

카페 / http://cafe.naver.com/arduinofun

ISBN 978-89-91068-73-5 53500

한국출판문화산업진흥원의 출판콘텐츠 창작 자금을 지원받아 제작되었습니다.

코딩의 즐거움 - 아두이노
아두이노
내친구
2편 라인트랙 자동차 만들기

엄마 아빠가 학교에 다니던 시대에는 스마트폰은 없었고 로봇 태권 V가 있었다. 만화와 애니메이션에서만 존재했던 로봇이 이제 세상 밖으로 나오고 있다. 우리 아이들이 살아나갈 세상은 현재와는 훨씬 다른 세계일 것은 분명하다.

미국 오바마 대통령은 게임을 하지만 말고 직접 만들 줄 알아야 한다고 강조하고 있고, 영국에서는 국영 방송사인 BBC를 중심으로 29개의 산업계와 재단이 컨소시엄을 구성하여 마이크로비트라는 전자키트를 개발하여 모든 중학생들에게 무료 배포하면서 전국적인 코딩과 하드웨어 교육을 추진하고 있다.

이제 우리 아이들은 코딩을 모르면 안 되는 시대에 살아가게 되었는데, 무엇을 어떻게 공부해야 하는지 아직 구체적인 내용이 뚜렷하지 않아 부모들은 크게 우려하고 있다.
우리 아이들은 알파고가 자리를 대신할 수 있는 일을 하면 안 된다. 알파고와 같은 인공지능 기계를 부리면서 세상을 리드할 인재가 되려면 아두이노를 배워야 한다.
학생들이 새로운 학과목을 시작할 때 흥미롭게 입문한 과목은 항상 성적도 좋지만, 지루하거나 답답하게 시작한 과목은 나중에도 좀처럼 좋은 성

적이 나오지 않는다. 코딩에 입문할 때도 상황은 같다. 처음부터 흥미롭게 시작하지 못하면 지루하고 어렵고 딱딱한 과목이 되어 버린다. 코딩은 재미있는 프로젝트를 직접 수행하면서 실력을 쌓는 것이 가장 좋은 방법이다.

지금도 실리콘 밸리, 영국의 런던, 핀란드의 헬싱키에서 탄생하는 유망 기업들은 모두 코딩 기술을 바탕으로 하고 있다는 공통점을 가지고 있다. 사회 변화의 물결은 이미 시작되었다. 기존의 것 중에 약하거나 비효율적인 것은 없어지거나 무너지게 되어 있다.

우리 아이들이 전 세계적으로 가장 유명한 아두이노 코딩과 전자보드를 배워서 머지않은 훗날 스티브 잡스, 일론 머스크 같은 세계 역사를 새로 쓰는 사람으로 성장하길 바라며 이 책을 집필하였다.

저 자 양 세 훈

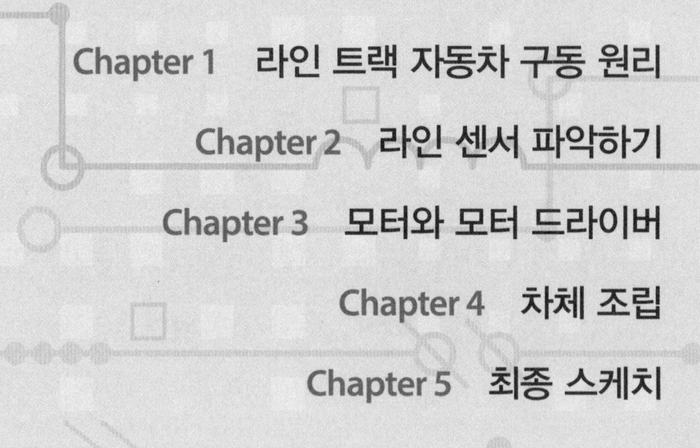

2편

라인 트랙 자동차 만들기

'라인 트랙 자동차'란 라인 트랙을 따라 자율 주행하는 자동차로 라인 센서, 차체, 모터, 모터 드라이버 그리고 모든 사항을 컨트롤하는 아두이노로 구성되어 있다.

이 책은 코딩과 회로에 익숙하지 않은 독자들도 차를 만들 수 있도록 코딩과 회로를 상세하게 설명하였다. 차량 조립 방법을 그림과 함께 설명하였고 라인 센서와 스케치 코딩 예제를 포함시켰다.
또한, 모터의 기본에 관한 것들은 물론 모터 드라이버를 사용하여 속도와 전진 및 후진을 컨트롤하는 방법도 설명하였다.
최종적으로 모든 부품을 연결하는 회로와 스케치 코딩에 관한 설명으로 구성해 놓았다.

특히 이 책에서는 전력 소모가 적으면서 모터의 능력을 최대한으로 끌어낼 수 있는 모터 드라이버를 사용하였다. 최고 속도로 하면 자동차가 너무 빠르게 전진하여 스케치에서는 오히려 속도를 감소시켰다.

책과 함께 커다란 크기로 그려진 라인 트랙이 제공된다. 자동차를 완성하는 즉시 트랙 위에서 실제로 달리게 할 수 있다.

저자가 운영하는 웹페이지(http://cafe.naver.com/arduinofun)에서 완성된 코딩을 다운받아 바로 사용할 수도 있으며, 차량조립과 회로연결 동영상도 볼 수 있다.

CONTENTS

자동차의 구성

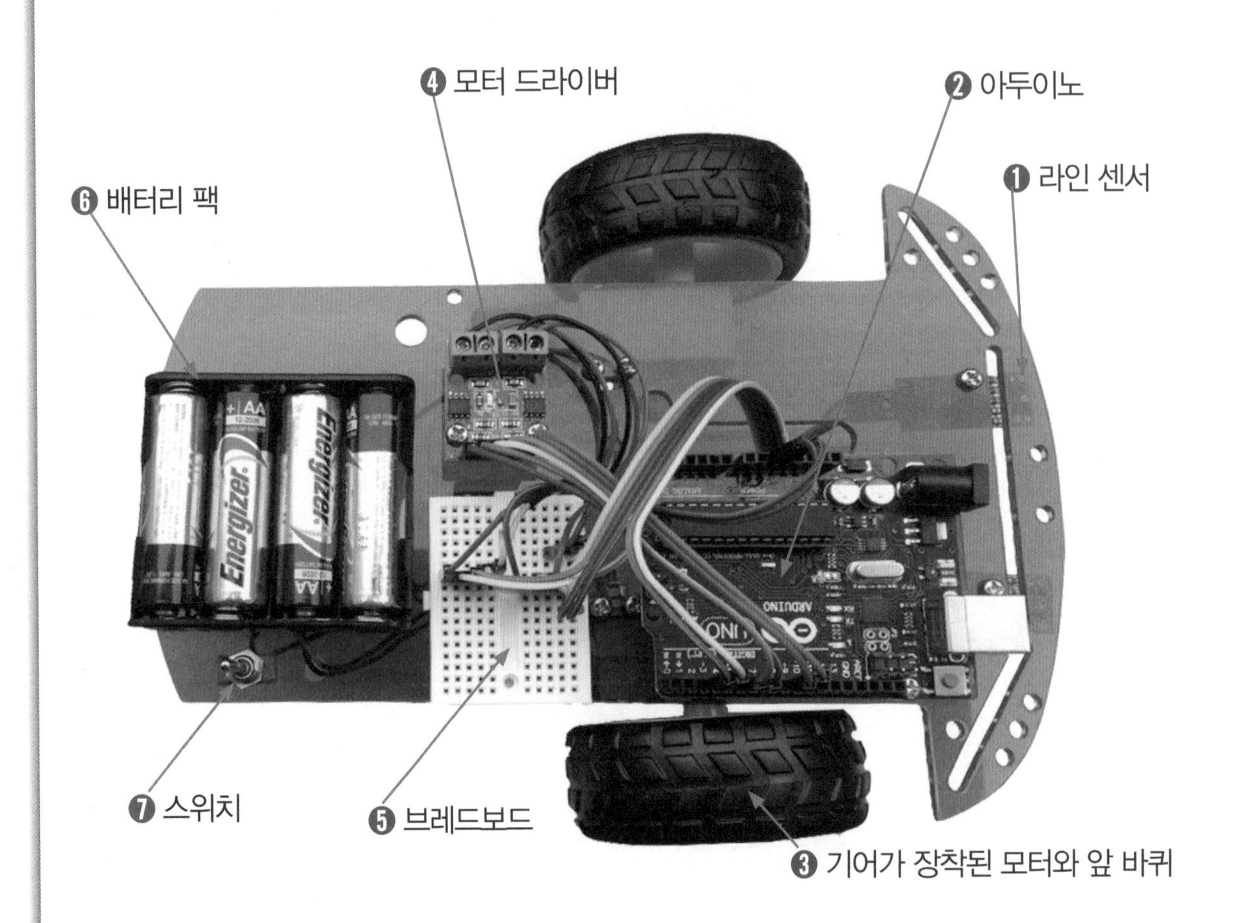

❶ 눈 역할을 담당하는 **라인 센서**

❷ 자동차의 두뇌 역할을 하는 **아두이노**

❸ 기어가 장착된 **모터와 앞바퀴**

❹ 모터를 컨트롤하는 **모터 드라이버**(L9110S)

❺ 모든 부품에 전기를 분배하는 **브레드보드**

❻ **배터리 팩**(AA배터리×4)

❼ 스위치

로 구성되어 있다.

소프트웨어는 아두이노 코딩(스케치)으로 작성되어 있다.

모터에 전력을 공급하는 부품인 모터 드라이버는, 모터에 가장 적합한 L9110S 모듈을 사용하였다. 모듈의 뜻은 여러 개 전자부품들을 사용자의 목적에 맞도록 하나의 제품으로 만들었다는 것이다.

L9110S 모듈의 장점은 다음과 같다.
첫째, 에너지 낭비가 적어 모터를 장시간 그리고 빠르게 구동시킬 수 있다.
둘째, 속도와 방향 전환을 같은 핀에서 하므로 회로 연결이 간단하다.
셋째, 외부 라이브러리를 불러오지 않고 사용할 수 있어 코딩을 작성하기가 용이하다.

이전에 사용하던 L298N 모터 드라이버 모듈 또는 모터 실드를 가지고 있는 독자들이 있을 수 있다. L298N 모듈은 전력을 많이 소비하여 배터리를 자주 교체해 주어야 하는 단점이 있다. 모터실드는 아두이노 위에 핀으로 눌러 장착시킬 수 있도록 만든 제품으로 추가로 선을 연결하지 않아도 사용할 수 있는 장점이 있다. 그러나 실드를 사용한다고 항상 편리한 것은 아니다. 스케치 코딩을 할 때 제3의 라이브러리를 불러와서 사용하여야 하고 추가적인 코딩 단어들이 들어가야 하기 때문이다.
해당 교재 키트에는 L298N이나 모터 실드는 포함되어 있지 않지만, 독자들의 실력 향상을 위하여 L298N 및 실드에서 라이브러리를 사용하여 라인트랙 자동차를 만드는 방법도 책 부록에서 다루었으니 참고하기 바란다.

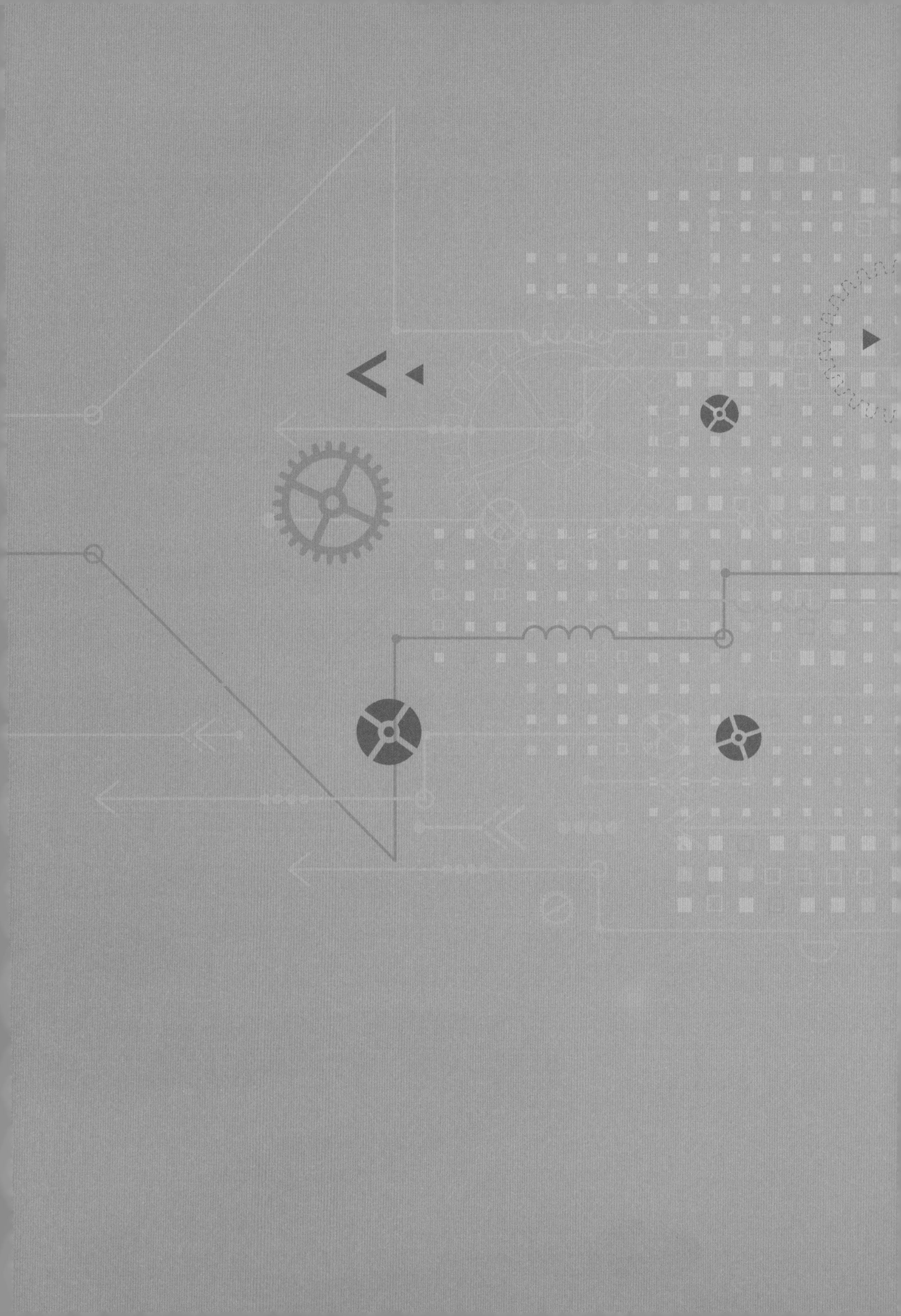

CHAPTER 01

라인 트랙 자동차 구동 원리

라인 트랙 자동차가 라인을 따라 주행하는 원리를 전체적으로 표현한 [그림 1-1]을 보자.

차량 앞에 2개의 센서가 있고, 그 사이에 검은색 라인이 있다.

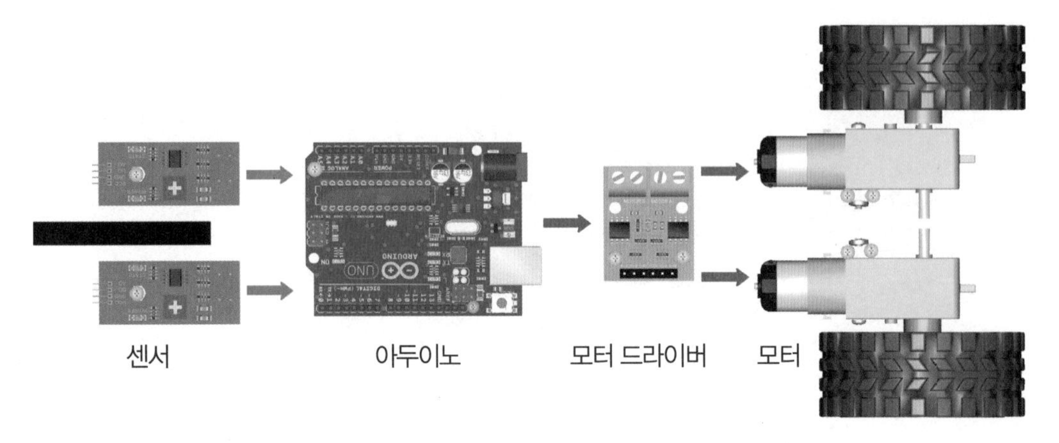

[그림 1-1] 라인 트랙 자동차 주행 원리 조감도

1. 센서는 바닥에 있는 라인을 보면서 실시간으로 그 정보를 아두이노에게 보낸다.
2. 아두이노는 정보를 분석하여 자동차의 진행 방향과 속도를 결정하고, 모터 드라이버에게 명령한다.
3. 모터 드라이버는 아두이노의 명령에 따라 모터에 배터리 전기를 공급, 모터를 회전시켜 자동차가 진행하도록 한다.

차량 진행 및 회전 방향에 대하여 [그림 1-2]에 자세하게 다시 설명하였다.

차량 진행 방향

왼쪽 센서에서 검은색을 인식하면 차량은 좌회전해야 한다. [그림 1-2]
좌회전을 보다 효율적으로 하려면 오른쪽 모터는 전진, 왼쪽 모터는 후진하면 된다. 실제 거리에서 주행하는 자동차보다 한 수 높은 컨트롤 방법이다.

오른쪽 센서가 검은색을 인식하면 우회전해야 한다.
오른쪽 모터는 후진, 왼쪽 모터는 전진하면 된다.
양쪽 센서 모두 흰색을 인식하면 직진이고, 둘 다 검은색일 때는 정지한다.

이제부터 각 부품을 컨트롤하는 방법을 순차적으로 파악해 보자.

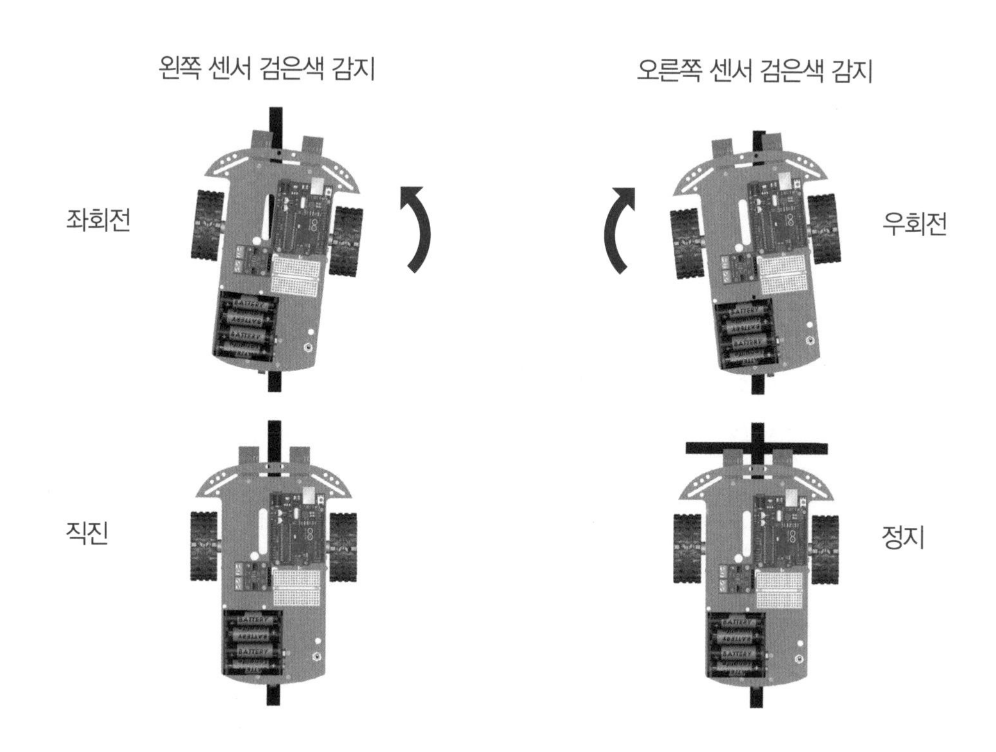

[그림 1-2] 센서 감지에 따른 차량 회전 방향

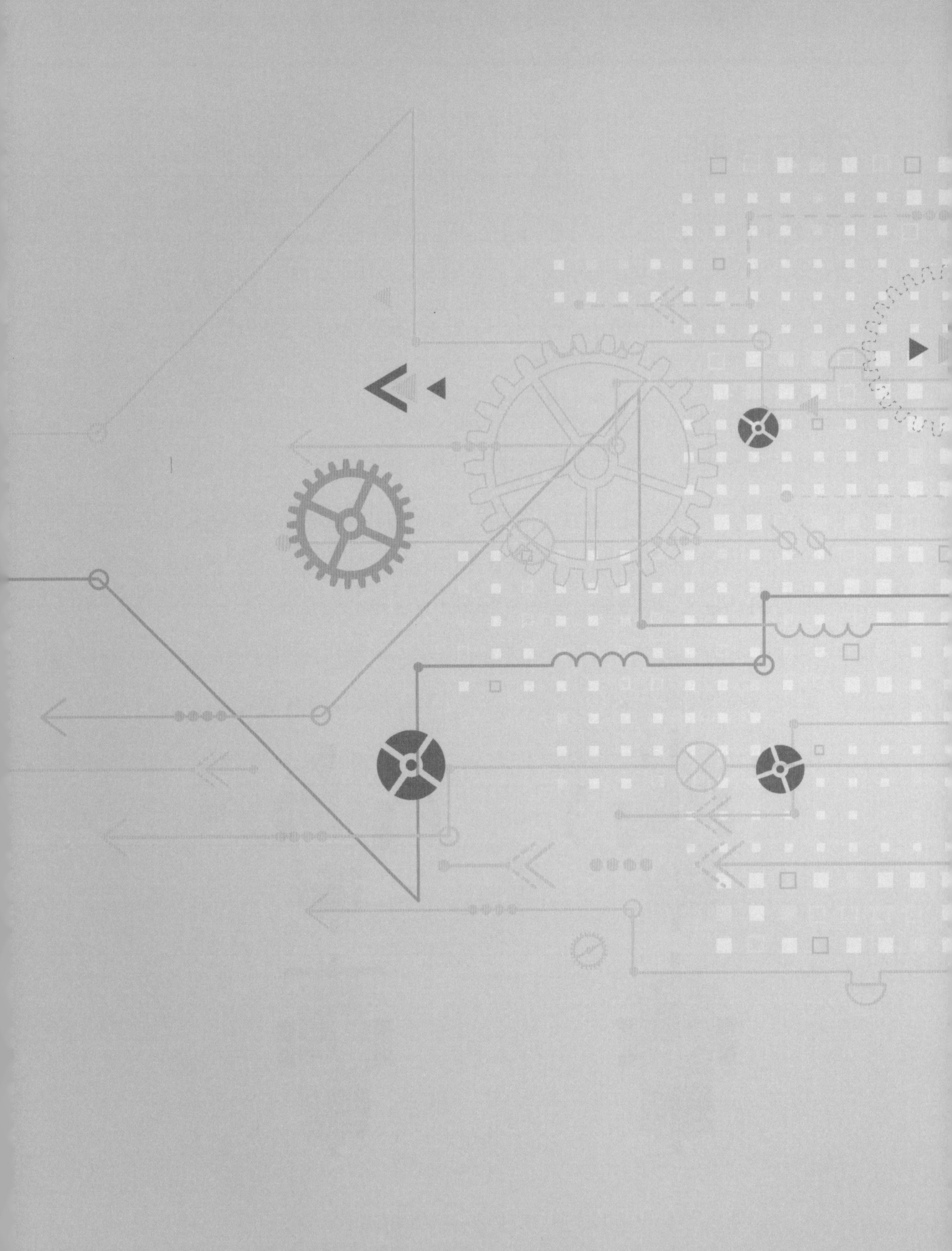

CHAPTER 02

라인 센서 파악하기

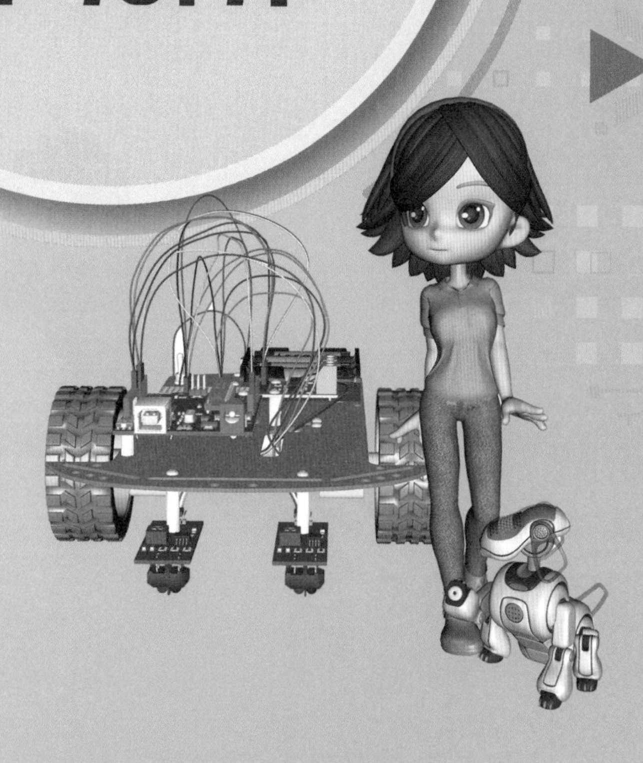

01 라인 센서 작동 원리

스케치를 작성하기 전에 라인 센서 작동 원리를 알아보자.

[그림 2-1]의 라인 센서를 보면 2개의 LED가 있다. 하나는 적외선 빛을 내보내는 적외선 LED이고 다른 하나는 반사된 빛을 감지하는 LED이다.
적외선은 우리 눈으로 감지할 수 없는 긴 파장의 빛이지만, 감지 LED는 적외선 빛을 알아볼 수 있다.

[그림 2-1] 라인 센서

흰색은 빛을 반사한다. [그림 2-2]에서처럼 적외선을 흰색에 비추면 반사되어 감지 LED에 도달한다. 검은색인 경우에는 빛을 흡수해 버리기 때문에 감지 LED에 빛이 오지 않는다.

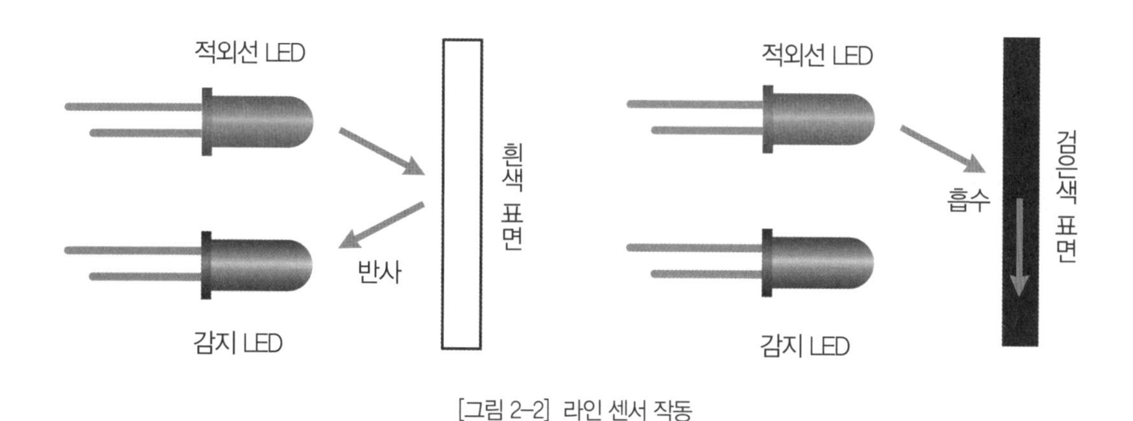

[그림 2-2] 라인 센서 작동

자동차에는 오른쪽과 왼쪽에 센서가 하나씩 있다. 양쪽 센서 모두가 흰색이면 자동차는 전진한다.
만약 오른쪽 센서가 검은색을 인식하면 차량을 우회전하고, 왼쪽 센서가 검은색을 보면 좌회전한다.

센서를 아두이노와 연결하고 작동되는 것을 파악해 보자.

라인 센서 회로 연결

준비물

- ★ 아두이노 보드 1개
- ★ USB 케이블 1개
- ★ 라인 센서 2개
- ★ 미니 브레드보드 1개
- ★ 점퍼케이블 암–수 6개, 수–수 4개
- ★ 피에조 부저 1개 (1권 부품)
- ★ 흰색 종이(10cm×10cm), 검은색 종이(8cm×2cm)

라인 센서에는 4개의 핀(VCC, GND, DO, AO)이 있다. [그림 2–3]

VCC는 전원 5V에 연결하고

GND는 전원 –극(GND)에 연결하고

DO는 디지털 출력이다. 아두이노 디지털 핀에 연결한다.

AO는 아날로그 출력인데 여기에서는 사용하지 않는다.

센서에서 핀이 나온 형태이다. 암-수 점퍼 케이블 3개를 사용하여 VCC, GND, DO에 연결한다.

(센서의 전면부에는 전원이 들어오면 켜지는 전원 LED와 반사되는 빛을 감지했을 때 켜지는 감지 표시 LED가 있다.)

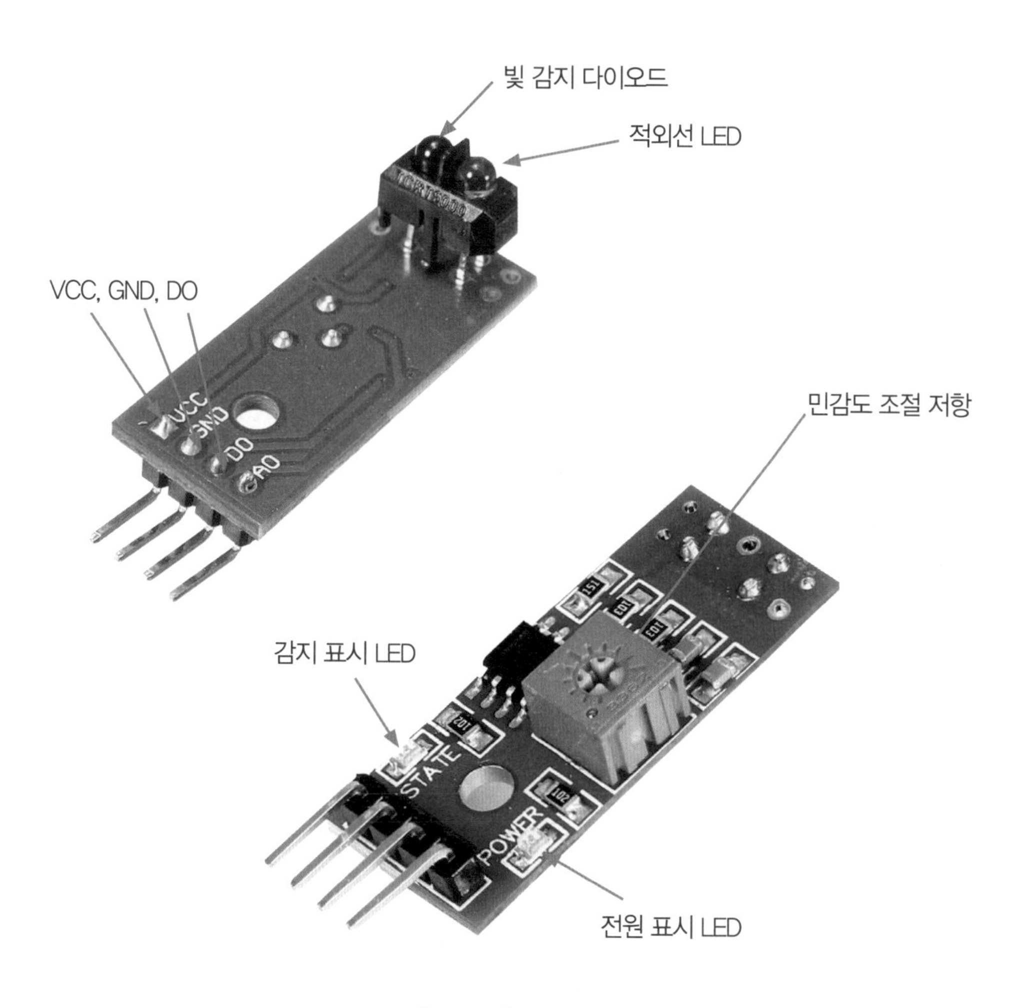

[그림 2-3] 라인 센서 전면과 후면

회로 연결을 쉽게 해주는 브레드보드(빵판)

부품들을 서로 연결할 때 납땜이라는 방법을 이용할 수 있다.
하지만 납땜 인두기는 온도가 높아 사용에 익숙하지 않은 사람에게는 위험하고 납과 페이스트라는 부자재도 구매하여야 하고, 한 번 납땜한 부품은 다른 곳에 재사용할 수 없다는 불편한 사항들이 있다.

전자회로를 연구하던 과학자들이 이와 같은 불편을 해결하기 위하여 빵을 만드는 판에 못을 촘촘하게 박아 그곳에 부품들을 전선으로 서로 연결하여 사용하면서 빵판(브레드보드)이라는 이름이 유래되었다. 처음 테스트 목적으로 회로를 만들 때는 브레드보드를 사용하는 것이 가장 쉽고 편리한 방법이다.

이 책에서는 크기가 작은 미니 브레드보드를 사용하고 있다.
크기가 작아도 [그림 2-4]에서 있는 것처럼 표면에 170개의 홀이 있다.
이 홀에 부품의 선 끝부분이나 점퍼 선의 끝부분인 핀을 꽂아 넣는다.

[그림 2-4]에서 보면 브레드보드 표면에 수평 방향 행으로 5개씩 홀이 2열로 되어 있다.

행에 있는 5개 홀들은 내부에서는 하나로 연결되어 있다.

그러나 위쪽 행과 아래쪽 행은 서로 분리되어 있다.
부품을 서로 연결하려면 같은 행에 있는 홀에 꽂으면 된다.
직접 사용한 예제가 [그림 2-5]에 있다.

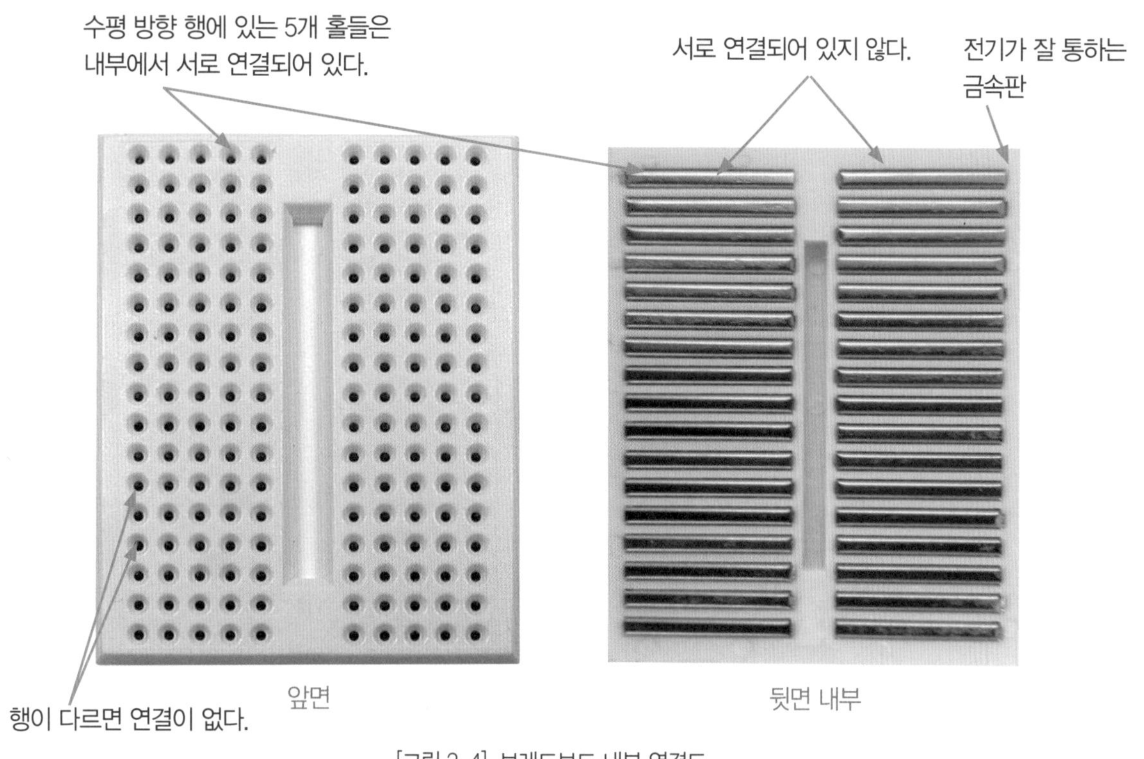

[그림 2-4] 브레드보드 내부 연결도

라인 센서 1개 연결 회로, 스케치 작성 및 테스트

라인 센서와 아두이노가 브레드보드를 통해 서로 연결된 회로가 [그림 2-5]에 있다.

센서와 아두이노 연결은 〈표 2-1〉에 있는 것처럼 선 3개만 연결하면 된다.

라인 센서	아두이노
VCC	5V
GND	GND
DO	디지털 3번 핀

〈표 2-1〉 라인 센서와 아두이노 연결

아두이노와 브레드보드는 키트에 있는 수-수 점퍼 선을 사용하고 센서와 브레드보드는 암-수 점퍼 선을 사용하면 된다.

빨간색 선은 +극을 표시하였다. 브레드보드에서 빨간색 선은 같은 행에 있는 홀에 꽂아서 서로 연결되도록 하였다.
-극인 GND는 검은색 선으로 표시하였다. 오른쪽 같은 행에 있는 홀에 꽂아 서로 연결되도록 하였다.

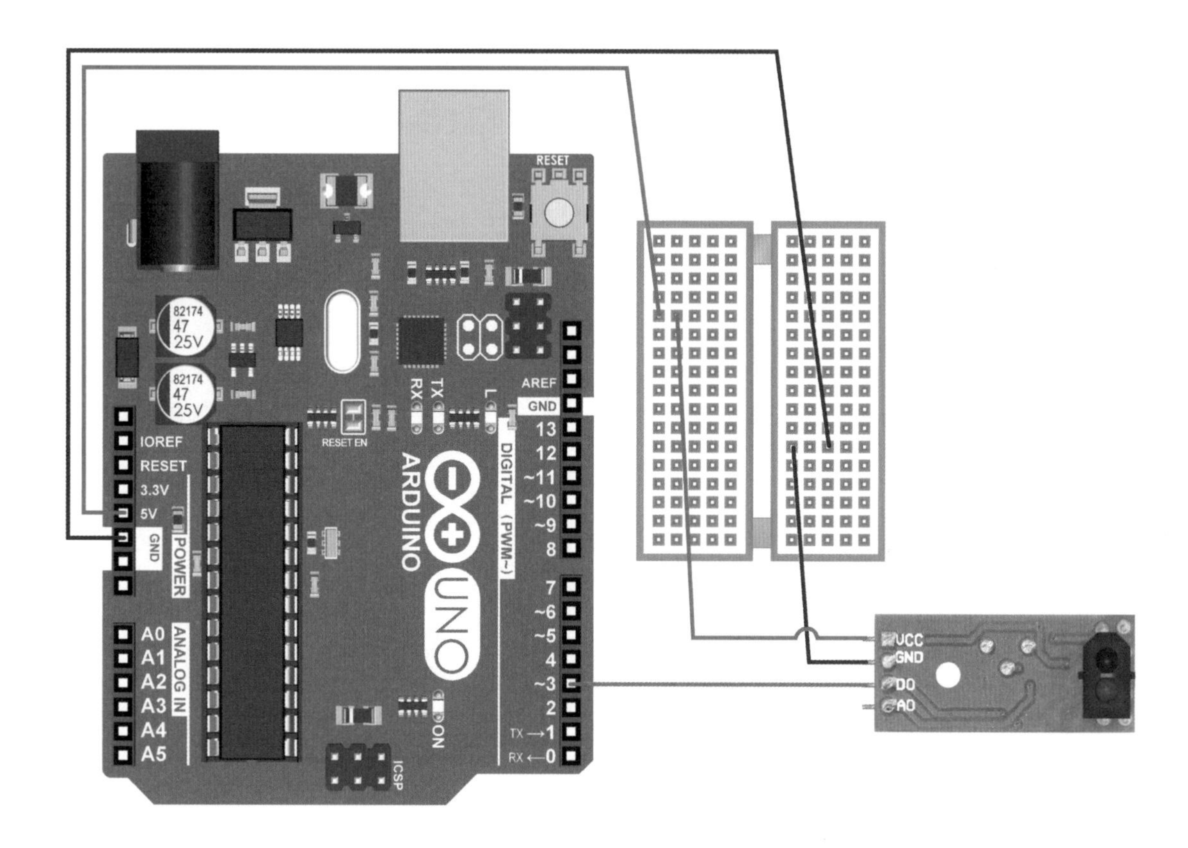

[그림 2-5] 라인 센서 1개 연결 회로

이제 [그림 2-6]의 스케치를 보자.

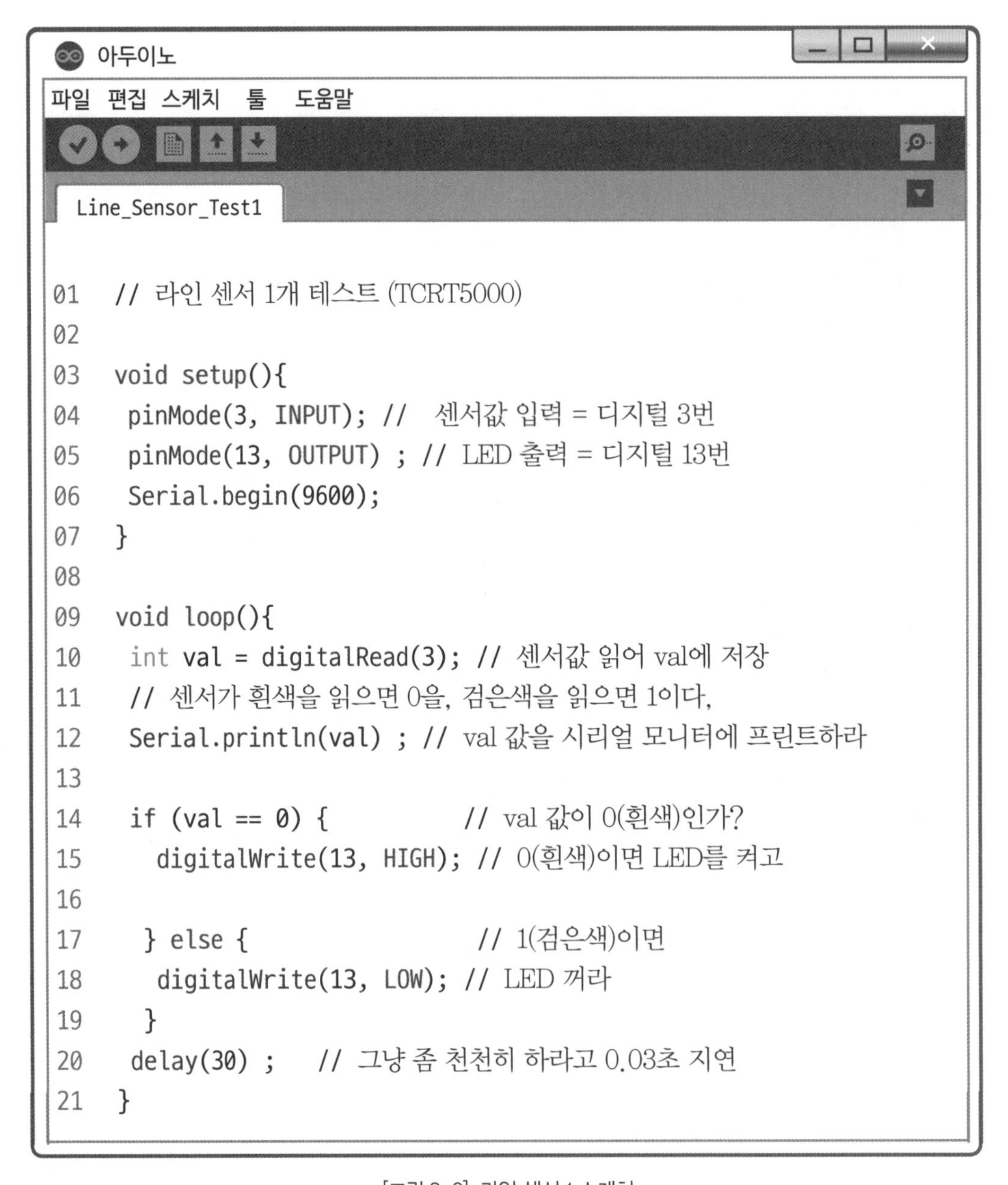

[그림 2-6] 라인 센서 1 스케치

[그림 2-6] 스케치의 void 셋업(setup)에서 3번 핀은 센서값을 읽기 위한 모드인 pinMode(3, INPUT)으로, 엘이디와 연결할 13번 핀은 출력 모드인 pinMode(13, OUTPUT)으로 준비하였다.

`Serial.begin(9600)`은 시리얼 모니터 사용을 준비하라고 한 것이다.

void 루프(loop) 안에 있는 `int val = digitalRead(3)` 명령의 뜻은 디지털 3번 핀에서 값을 읽어 val이라는 이름으로 저장하라는 것인데 그 값은 소수점이 없는 정수 값(int)이다.

`Serial.println(val)`은 val에 있는 값을 시리얼 모니터에 프린트하고 줄 바꿈 하라는 뜻이다.

`(val == 0)`에 있는 ==은 왼쪽에 있는 값과 오른쪽에 있는 값이 같은지 비교하라는 것이다. 즉 val에 있는 값이 0인지 아닌지 비교하라는 것이다. 같은 경우에는 참(1), 아니면 거짓(0)이라고 답한다. 아두이노를 비롯한 코딩 언어에서는 참은 숫자로 1, 거짓은 숫자로 0이다.

`if( )`에서 ( ) 안에 있는 내용이 참(1)이면 이어지는 중괄호 { } 안에 있는 작업을 하고, 거짓(0)이면 중괄호를 뛰어넘어 다음 명령이 있는 곳인 else로 간다.

`if(val==0)`에서 val에 있는 값이 0과 같아서 참이면 디지털 13번에 있는 LED를 켠다.
val에 있는 값이 0과 같지 않으면 else로 가서 13번 LED를 끈다.

라인 센서 테스트 방법

가로 10㎝ 세로 10㎝ 정도 되는 하얀색 종이와 폭 2㎝ 길이 8㎝ 정도 되는 검은색 테이프 또는 검은색 종이를 준비한다.
흰색 종이 가운데에 검은색 테이프(또는 검은색 종이)를 [그림 2-7]처럼 붙인다.
테스트 할 때 사용하려고 라인 트랙을 매우 작게 만든 것이다.

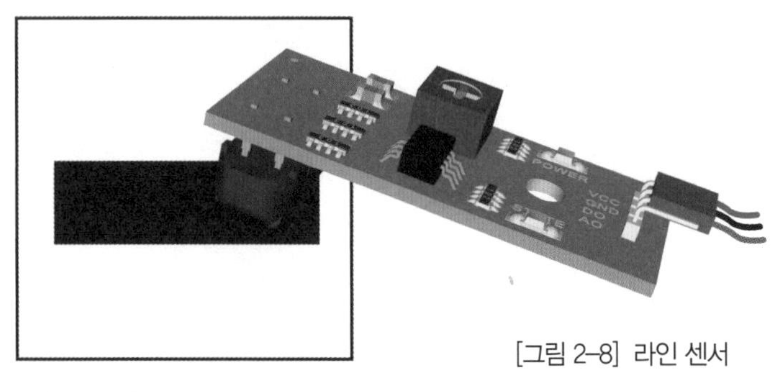

[그림 2-8] 라인 센서

[그림 2-7] 라인 트랙 축소판

[그림 2-5]와 같이 라인 센서가 연결된 아두이노를 컴퓨터와 연결하고 [그림 2-6]에 있는 스케치를 업로드한다.

아두이노 IDE 우측 상단에 있는 확대경 모양 아이콘을 클릭해서 시리얼 모니터가 나타나게 한다.

라인 센서가 [그림 2-8]처럼 검은색을 보게 하면 시리얼 모니터(그림 2-9)에 숫자 1을 프린트한다.

센서가 흰색을 보게 하여 13번 LED가 켜지고 숫자가 0이 되는 것도 확인해 보자.

[그림 2-9] 시리얼 모니터

라인 센서 2개 연결 회로, 스케치 작성 및 테스트

라인 센서를 2개 연결하는 방법은 1개를 연결할 때와 동일하다.
다만 이번에 추가로 연결한 센서 신호선은 아두이노 4번 핀에서 읽도록 하였다.

검은색 라인을 읽었을 때 소리가 발생하도록 13번 핀에 피에조 부저를 연결하였다.
피에조 부저에서 리드선이 긴 쪽이 +극이어서 디지털 13번 핀에 연결하였고,
짧은 선인 -극은 GND에 연결하였다. (피에조 부저는 1권에 있는 부품이다.)

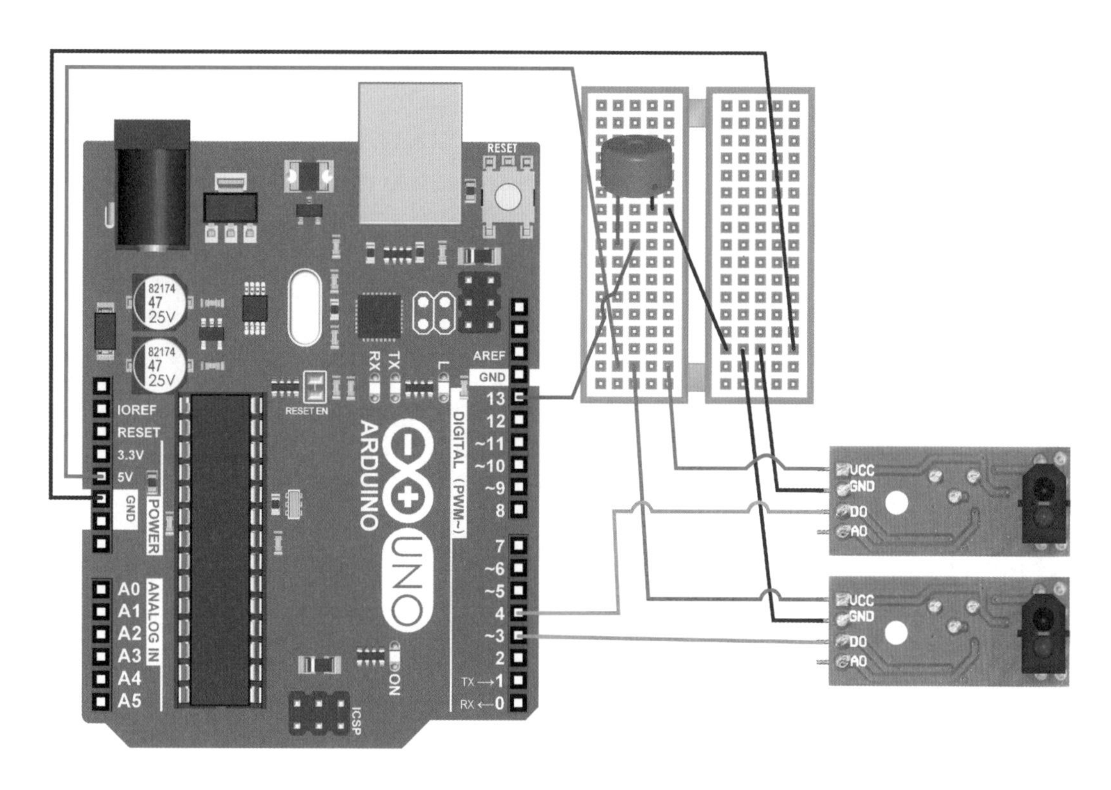

[그림 2-10] 라인 센서 2개 연결 회로

이제 [그림 2-11]에 있는 스케치를 보자.

```
아두이노
파일 편집 스케치 툴 도움말
Line_Sensor_Test2

01  // TCRT5000 센서
02  int L, R ;
03  void setup(){
04   pinMode(4, INPUT); //  센서값 입력 R = 디지털 4번
05   pinMode(3, INPUT); //  센서값 입력 L = 디지털 3번
06   Serial.begin(9600) ;
07  }
08
09  void loop(){
10    R = digitalRead(4);   // 오른쪽 센서 읽기
11    L = digitalRead(3);   // 왼쪽 센서 읽기
12
13   if (R == 1) {           // R 센서가 검은색을 감지했는가?
14    tone(13, 500, 50) ;   // 부저 소리를 내라
15   }
16    else if (L == 1) {    // L 센서가 검은색을 감지했는가?
17    tone(13, 500, 50) ;
18   }
19    else {
20     Serial.println(" Not detected ") ; // 검은색 없음
21     }
22   delay(100) ;    // 그냥 좀 천천히 하라고 0.1초
23  }
```

[그림 2-11] 라인 센서 2개 스케치

스케치도 앞에 있는 [그림 2-6] 센서 1개 스케치의 연장이다.

왼쪽에 있는 센서라는 것을 표시하기 위하여 L, 오른쪽에 있는 센서라는 것을 표시하기 위하여 R이라는 단어를 사용하였다. 둘 다 정수 값을 저장할 것이어서 int라고 정의해 주었다.

셋업에서 디지털 3, 4번 핀을 입력 핀으로 사용할 준비를 하였다.

루프(loop) 안에 R==1이면 오른쪽 센서가 검은색을 본 것이다. 그러면 tone 함수에 의해 13번 핀과 연결된 부저에서 500㎐ 음높이로 0.05초 '삐' 소리를 울린다.

16번 줄에 있는 `else if( )`는 '그리고 만약에'라는 뜻이다. `L==1`은 왼쪽 센서가 검은색을 보았으면 참이다.
그러면 17번 줄에 있는 `tone`으로 소리를 발생시킨다.

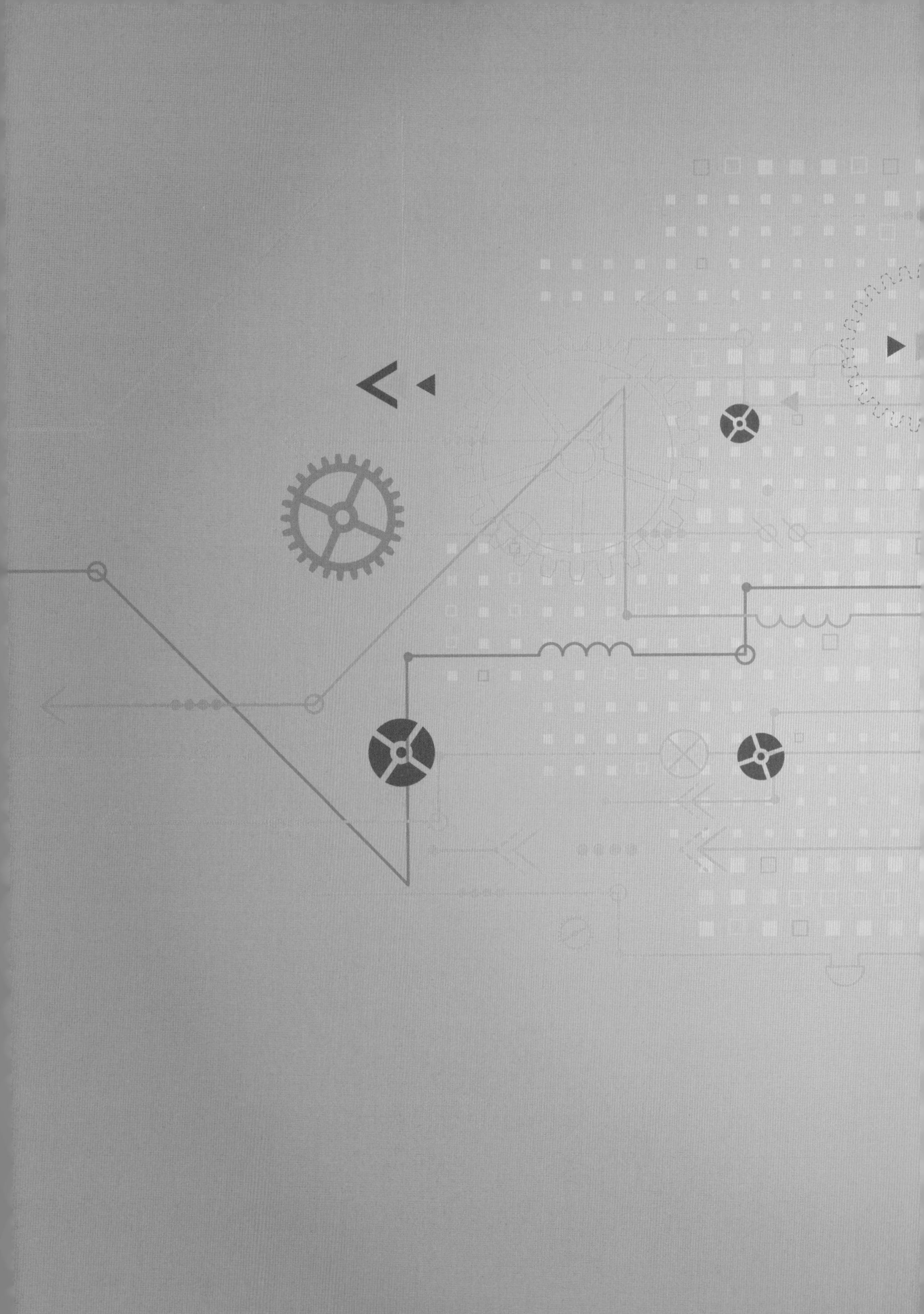

CHAPTER 03

모터와 모터 드라이버

01 모터 구동 원리

자석에 붙는 철 또는 못과 같은 금속 위에 [그림 3-1]처럼 코일을 감고 직류전기를 코일 양쪽 끝에 연결하면 자석이 된다. 전기에 의해 자석이 되었다고 전자석이라 부른다.

DC 모터는 전자석과 영구자석이 같은 극이면 밀어내고 다른 극이면 당기는 힘을 이용하여 회전하도록 만든 것이다.

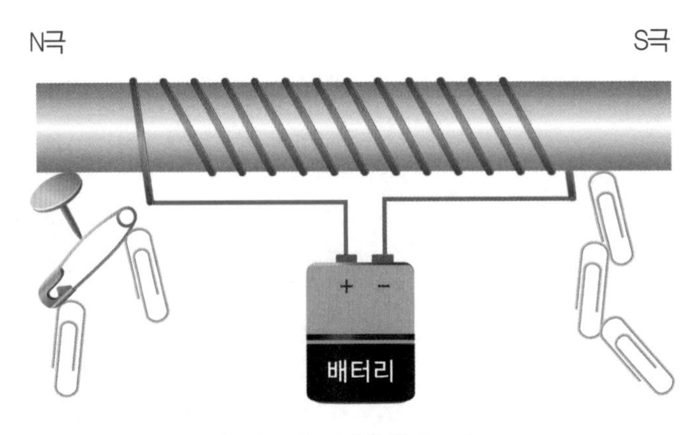

[그림 3-1] 전자석 원리 모형도

DC 모터는 원통형 실린더 벽 안에 영구 자석이 있고 가운데 있는 회전체에는 전자석이 있다. [그림 3-2]와 같이 영구 자석과 전자석 극이 같으면 서로 밀어내 회전하면서 [그림 3-3]과 같이 된다. 이때 전자석에 공급되는 전기의 극을 바꾸어 N극은 S극, S극은 N극이 되게 하여 다시 가까운 곳에서는 서로 밀치고 먼 곳에 있는 극에서는 당기게 하여 모터를 회전시키는 것이다.

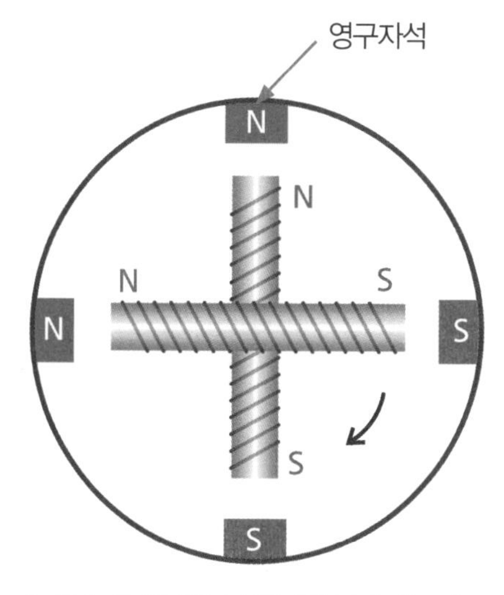

[그림 3-2] 전자석과 영구자석 극이 같을 때

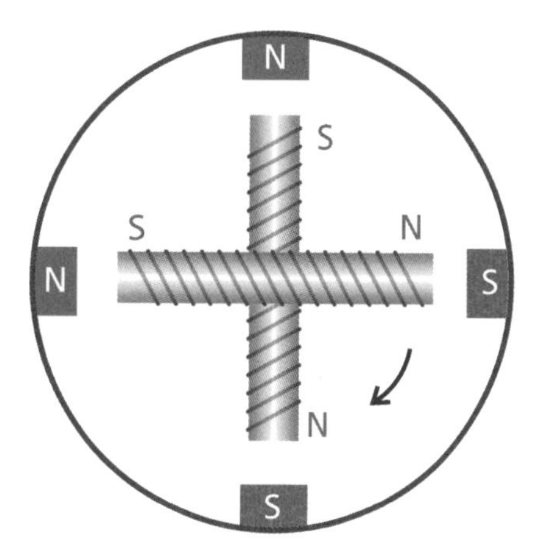

[그림 3-3] 전자석과 영구자석 극이 다를 때

[그림 3-4-1]은 일반적인 자동차용 모터이다. 이 모터는 속도는 빠른데 차량에 사용하기에는 힘(토크)이 적다. 모터의 속도는 줄이고 힘은 크게 만드는 것이 기어이다. [그림 3-4-2]에 기어가 장착된 모터가 있다.
플라스틱 케이스 안에 기어가 장착된 모터를 넣은 것이 우리가 사용할 자동차용 모터이다. [그림 3-4-3]

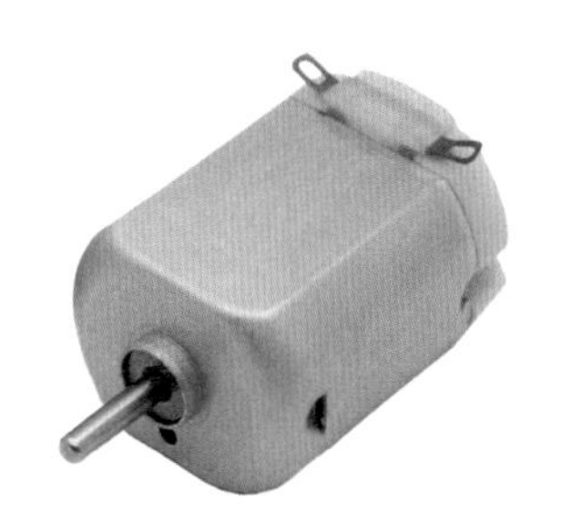

[그림 3-4-1] 모터

[그림 3-4-2] 기어 장착 모터

[그림 3-4-3] 자동차용 모터

로봇에는 DC 모터와 함께 서보 모터, 스텝 모터도 사용한다.
그러나 라인 트랙 자동차에는 DC 모터만 사용하므로 다른 모터에 관해서는 필요할 때 자세하게 설명하기로 한다.

아두이노를 비롯한 각종 전자 보드는 모터와 비교하면 매우 적은 양의 전기를 사용한다.
에너지 절약 측면에서는 장점이지만, 모터를 직접 구동시킬 만큼의 전기는 직접 핸들링 할 수 없다는 단점이 있다.

아두이노를 포함한 모든 전자보드에서 모터를 컨트롤하기 위하여 채택하는 방법이 모터 드라이버 칩을 사용하는 것이다.

DC 모터를 컨트롤하기 위하여 사용되는 대표적인 칩(IC)은 L9110, L293D, L298N이다.

칩의 구동 원리를 파악하기 전에 전력에 대하여 간략하게 알아보자.

집에서 사용하는 전구나 가전제품을 보면 와트(W) 표시가 있다.

와트는 그 전기기구가 사용하는 전기의 힘(전력)이며 볼트(V)와 전류(A)를 곱한 값이다.

우리가 사용하는 모터는 5V에 0.35A 전류를 사용한다.
전기 힘인 와트 값은 5×0.35=1.75W이다.
아두이노 디지털 출력 값은 5V에 0.02A이다.
와트로 계산하면 5×0.02=0.1W이다.

이런 이유 때문에 아두이노 디지털 핀에 LED나 소형 모터는 직접 연결하여 사용할 수 있지만, 자동차용 모터는 직접 연결하면 안 된다. [그림 3-5]

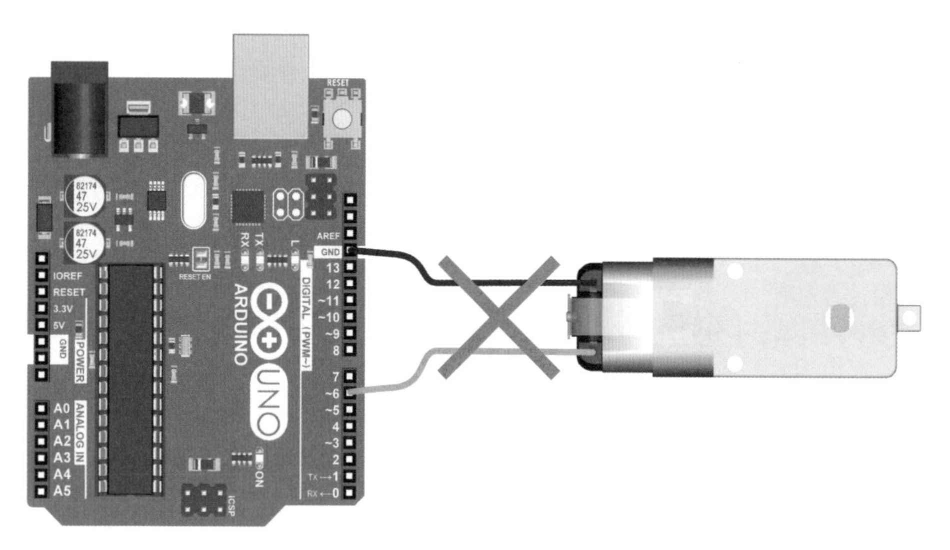

[그림 3-5] 아두이노와 모터는 직접 연결하면 안 된다.

모터 드라이버 칩

모터의 회전 방향을 바꾸려면 [그림 3-6]과 같이 연결된 배터리의 극을 서로 바꾸어 주면 된다. 전자적으로 컨트롤 하려면 H 브리지라는 칩을 사용한다.

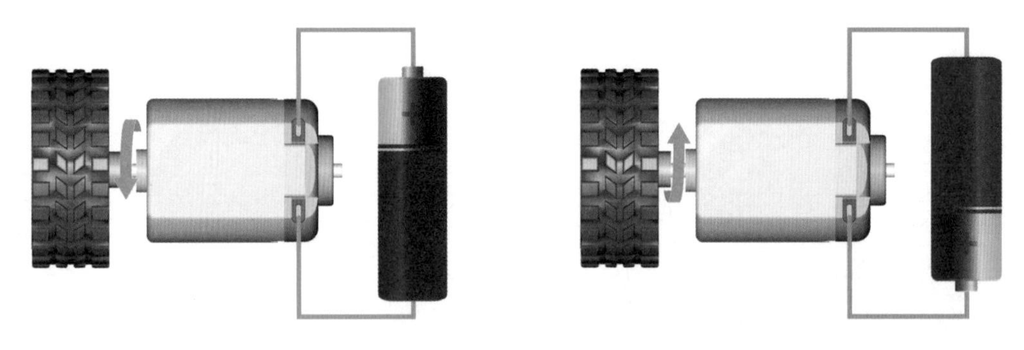

[그림 3-6] 모터 회전 방향 바꾸기

칩에는 아두이노 디지털 핀 2개에서 명령이 오고 배터리와 모터는 [그림 3-7]과 같이 연결된다.
아두이노 디지털 5번 핀이 HIGH이고 6번 핀이 LOW이면 모터는 시계 방향으로 회전하고, 디지털 5번 핀이 LOW이고 디지털 6번 핀이 HIGH이면, 모터는 시계 반대 방향으로 회전한다.
5번과 6번 둘 다 LOW일 때 모터는 정지한다.

다른 칩과 비교하여 L9110S 칩의 장점 중 하나는 속도 컨트롤을 쉽게 할 수 있다는 것이다.

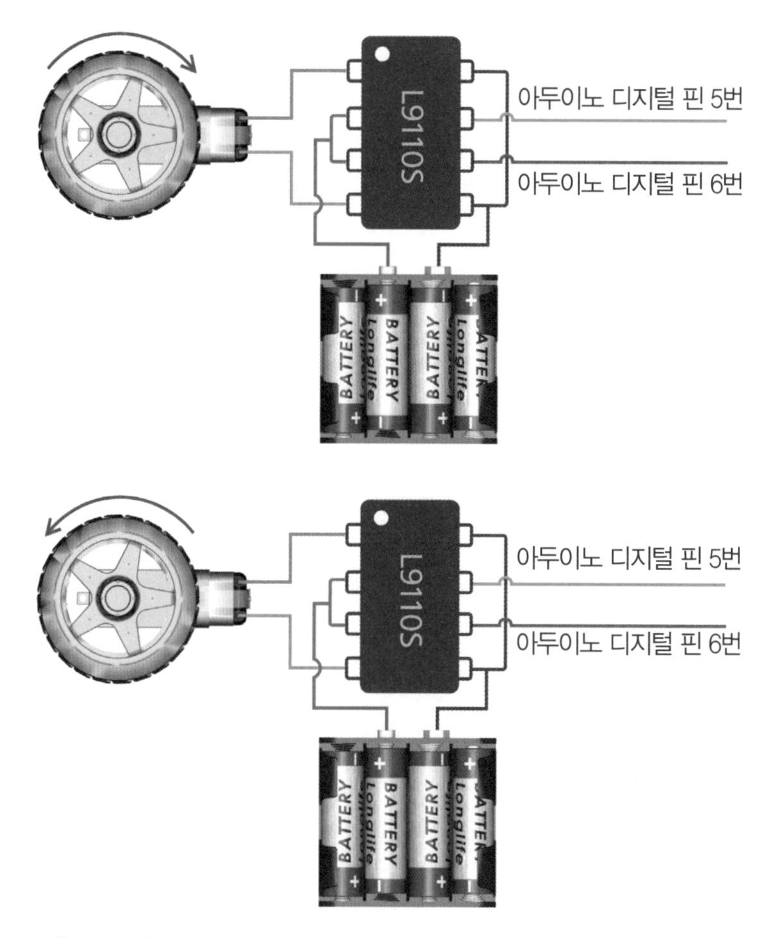

[그림 3-7] 모터 드라이버 칩 연결 회로 〈회전 방향은 서로 반대 방향일 수 있다.〉

1권 LED 밝기 컨트롤에서 설명한 PWM 방법을 사용하여 추가 회로 연결 없이 모터의 회전 속도를 컨트롤한다는 것이다.

여기에서 사용하는 아두이노 우노 보드의 5번과 6번 핀은 PWM 기능도 가진 핀이다.

스케치에서 analogWrite(핀번호, 숫자)를 사용하여 빛 밝기를 컨트롤하는 것과 같은 방법으로 회전 속도를 컨트롤하면 된다.

지금까지 설명한 내용을 직접 실행해 보자.

모터 드라이버 사용 모터 컨트롤하기

준 비 물

- ★ 아두이노 우노 1개
- ★ USB 케이블 1개
- ★ 기어 장착 모터 2개
- ★ L9110S 모터 드라이버 모듈 1개
- ★ 미니 브레드보드 1개
- ★ AA 배터리 4개 및 배터리 팩
- ★ 점퍼케이블 다수

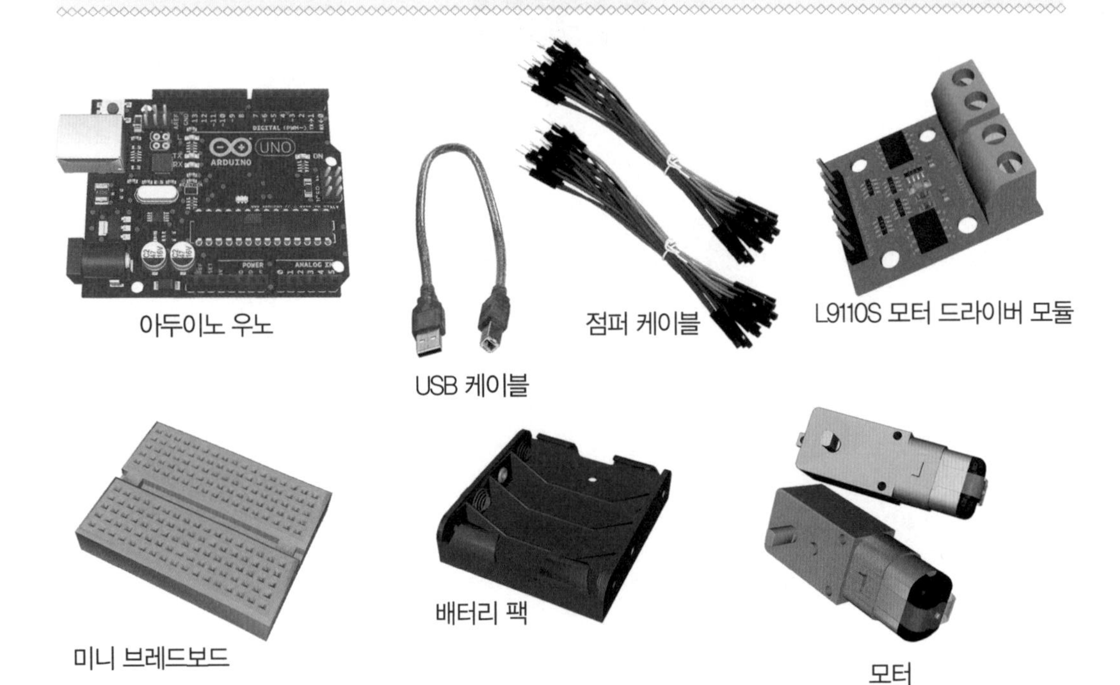

[그림 3-8] 모터 드라이버 테스트 필요 부품

앞에서 설명한 L9110S 칩 2개를 사용하여 모터 2대를 동시에 컨트롤할 수 있도록 만든 제품이 [그림 3-9]에 있는 L9110S 모터 드라이버 모듈이다.

[그림 3-9] L9110S 모터 드라이버 모듈

L9110S와 같은 IC칩과 모터를 연결하기 편하게 만든 터미널, 그리고 아두이노와 연결하는 핀들을 하나의 PCB 기판에 모아 만든 제품으로 줄여서 모터 드라이버 또는 모터 드라이버 모듈이라고 부른다.
L9110S는 다른 모터 드라이버에 비해 비교적 최근에 소개된 제품이며, 책에서 사용한 차량의 모터에 가장 적합한 제품이다.
모터의 크기와 별개로 모터 드라이버만 용량이 큰 것을 사용하면 에너지 낭비가 커서 차량의 성능도 저하된다.

이 책에 사용한 모터를 비롯한 DIY에서 사용하는 대부분의 기어 장착 모터는 전류 용량이 350㎃ 정도이다.
모터 드라이버는 안전적인 측면과 능력적인 측면을 고려하여 모터 전류 용량의 2배보다 약간 큰 것을 채택하는 것이 바람직하다.
L9110S 모터 드라이버는 모터 채널당 허용 전류용량이 800㎃이어서 적합한 것이다.

뒤에 있는 전체 스케치에서 볼 수 있겠지만, 속도가 너무 고속이어서 실제 주행할 때는 속도를 좀 줄였다.

[그림 3-10]에 있는 모터 드라이버에는 아두이노 및 전원 연결을 위한 6개의 핀과 모터 2개를 연결할 수 있는 4개의 터미널이 있다.

6개 핀 중간에 있는 2개의 핀은 배터리에서 전기를 받는 VCC와 GND이다. GND는 땅 또는 지면을 뜻하는 Ground의 약자이다. 배터리의 +극을 VCC에, 그리고 -극을 GND에 연결시켜 주면 전원 LED가 켜진다.

핀 6개 중에서 위쪽에 있는 B-IA와 B-IB는 B 모터를 컨트롤하는 신호를 받기 위하여 아두이노 디지털 핀 9, 10번에 연결하고, 아래쪽에 있는 A-IA, A-IB는 A 모터를 컨트롤하는 신호를 받기 위하여 디지털 핀 5, 6번에 연결한다.

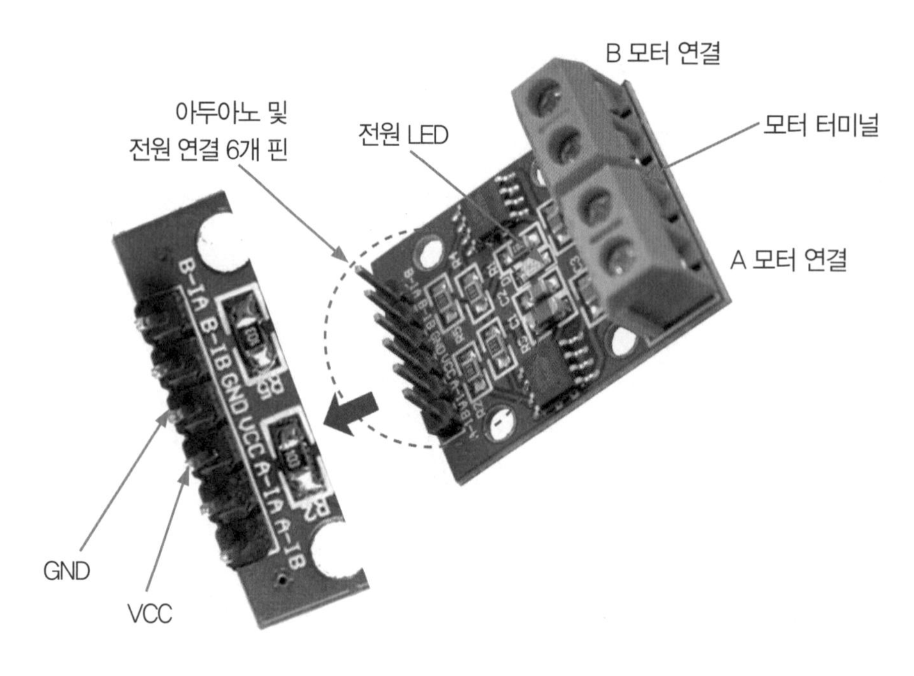

[그림 3-10] L9110S 모터 드라이버 부분 확대

A 모터를 컨트롤 하는 회로(그림 3-11)와 스케치를 작성하자.

모터 드라이버 핀 밑에서부터 시작하여
첫 번째 핀은 아두이노 디지털 5번 핀에 연결한다.
두 번째 핀은 아두이노 디지털 6번 핀에 연결한다.
세 번째 핀은 아두이노 5V와 같은 라인에 연결한다.
네 번째 핀은 아두이노 GND와 같은 라인에 연결한다.
배터리를 연결한다. 모터도 [그림 3-11]처럼 터미널에 연결한다.

스케치를 업로드할 때는 배터리 연결을 해체한다.
업로드할 때 컴퓨터에서 오는 전기와 배터리 전기가 충돌하여 업로드를 방해할 수 있기 때문이다.

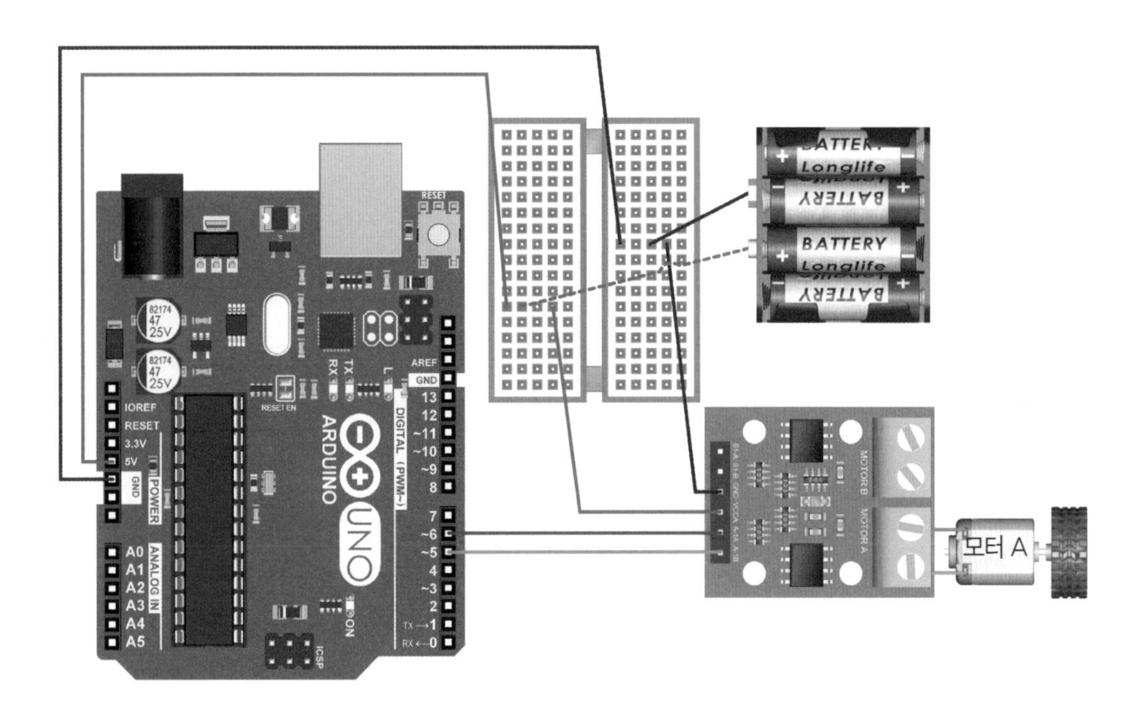

[그림 3-11] 아두이노와 모터 드라이버 및 모터 연결

방향 전환과 속도를 동시에 컨트롤하는 스케치(그림 3-12)를 보자.

아두이노

파일 편집 스케치 툴 도움말

Motor_control_Test1

```
01  // L9110S 사용 모터 1개 컨트롤
02
03  void setup() {
04   pinMode(5, OUTPUT) ; // 모터 컨트롤 위하여 5번을 출력으로
05   pinMode(6, OUTPUT) ; // 모터 컨트롤 위하여 6번을 출력으로
06  }
07
08  void loop() {
09
10   analogWrite(5, 255); // 전진 최고 속도로
11   analogWrite(6, 0);   // 전진 최고 속도로
12   delay(1000);
13
14   analogWrite(5, 0); // 정지
15   analogWrite(6, 0); // 정지
16   delay(3000);
17
18   analogWrite(5, 0);   // 후진 최고 속도로
19   analogWrite(6, 255); // 후진 최고 속도로
20   delay(1000);
21  }
22
```

[그림 3-12] 모터 1대 컨트롤 스케치

셋업에서 5번과 6번 핀을 모터 컨트롤용으로 사용하기 위하여 출력(OUTPUT)으로 준비하였다.

루프(loop) 안에 있는 줄번호 10, 11을 보면 `analogWrite`(핀번호, 숫자)이 2개 있다.
10번 줄에 있는 `analogWrite`에는 핀 번호 5와 숫자 255가 있다.
255는 최고 속도이다. 속도를 줄이려면 이 값을 줄이면 된다.

11번 줄에 있는 `analogWrite`에는 핀 번호 6과 속도를 나타내는 숫자 0이 있다.
10번과 11번 줄이 한 세트가 되어 모터를 컨트롤한다.
5번 핀에 255를 주고 6번 핀에 0을 주면 최고 속도인 255로 정 방향으로 회전한다.

줄 번호 18과 19를 보면 앞에서와는 반대로 5번 핀에 0, 그리고 6번 핀에 255를 주어 반대 방향으로 최고 속도로 회전을 하도록 하였다.

5번과 6번 핀 모두에 0을 사용하면 모터는 정지한다.

배터리 전원은 해체하고 업로드하는 것이 좋다.

여기에서 전진 방향과 후진 방향은 임의로 정한 것이다. 서로 반대 방향으로 회전한다는 것을 나타내기 위한 것이다.

차량 최종 점검 시 다시 설명하기로 하자.

[그림 3-12] 스케치로 전진, 정지, 후진하는 방법을 알아보았다.

모터 1개일 때와 같이 간단한 스케치의 경우에는 루프 안에서 줄을 추가하면서 스케치를 계속 이어 작성해도 불편한 점이 없다.

그러나 스케치할 내용이 길어지거나 같은 내용을 반복해야 하는 부분이 있으면 함수를 사용하여 깔끔하게 스케치를 작성하는 것이 다음에 이해하기에도 좋다.

[그림 3-13]에 있는 개선된 스케치를 보면 루프 안에는 전진, 정지, 후진 명령이 전부다. 실제 내용은 각각의 함수에서 수행하였다.

전진인 Forward에서 속도를 250으로 주었고, 후진인 Backward에서는 속도를 낮추어 150으로 하였다.

줄 번호 09번에 있는 Forward(250)가 되면 15번 줄로 이동하여 void Forward(int X) 함수 안에 있는 작업을 한다.

이때 250이라는 값은 X에 전달된다.

아두이노

파일 편집 스케치 툴 도움말

Motor_control_Test2

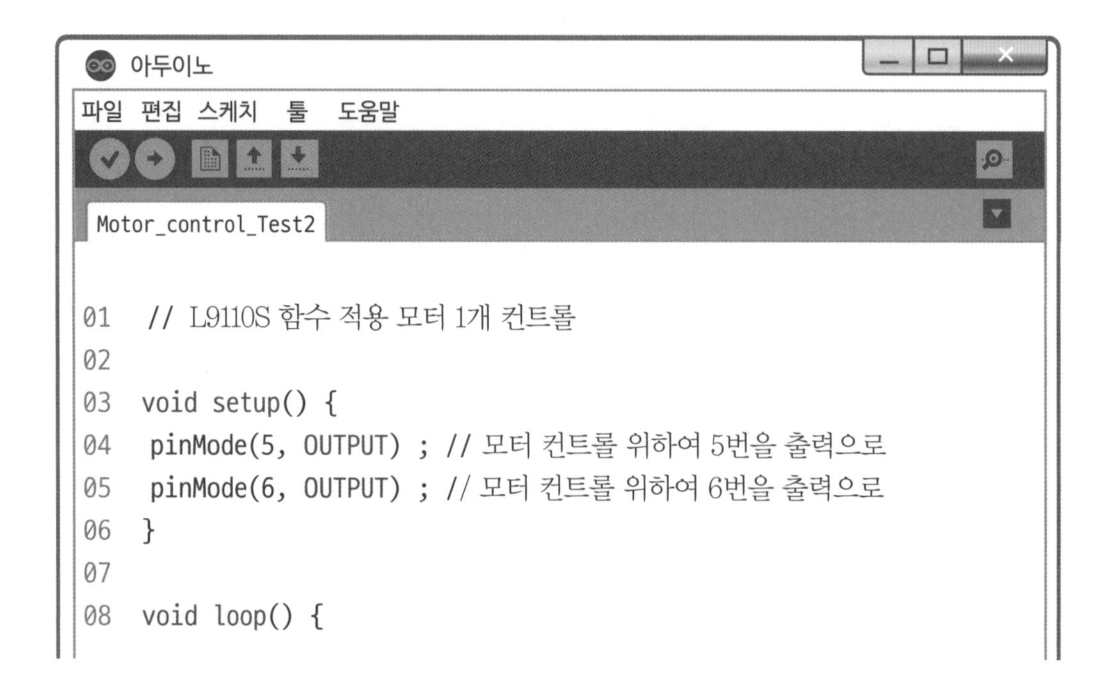

```
01  // L9110S 함수 적용 모터 1개 컨트롤
02
03  void setup() {
04   pinMode(5, OUTPUT) ; // 모터 컨트롤 위하여 5번을 출력으로
05   pinMode(6, OUTPUT) ; // 모터 컨트롤 위하여 6번을 출력으로
06  }
07
08  void loop() {
```

```
09  Forward(250) ;   // 전진
10  Stop() ;         // 정지
11  Backward(150) ;  // 후진
12  Stop() ;
13  }
14
15  void Forward(int X) {
16  analogWrite(5, X);   // 전진 X 속도로
17  analogWrite(6, 0);   // 전진 X 속도로
18  delay(1000);
19   }
20
21  void Stop() {
22  analogWrite(5, 0);  // 정지
23  analogWrite(6, 0);  // 정지
24  delay(2000);
25   }
26
27  void Backward(int Y) {
28  analogWrite(5, 0);  // 후진 Y 속도로
29  analogWrite(6, Y);  // 후진 Y 속도로
30  delay(1000);
31   }
```

[그림 3-13] 개선된 모터 1대 컨트롤 스케치

19번 줄이 되면 작업을 마쳐서 10번 줄에 있는 **Stop( )** 명령으로 돌아온다. **Stop( )**은 다시 21~25줄에 있는 함수 작업하라는 명령이다.

이렇게 루프 안에는 작업할 함수 제목만 작성하고, 실제 작업은 각 해당 함수에서 수행하게 하면 스케치 내용을 일목요연하게 파악하기가 쉽다.

04 모터 2대 컨트롤하는 회로와 스케치

회로 연결은 [그림 3-14]처럼 드라이버에 모터를 하나 더 연결하고 아두이노 디지털 핀 9번과 10번 핀을 모터 드라이버 가장 위쪽 핀들에 연결하면 된다. 배터리의 +극을 나타낸 빨강색 선을 점선 표시한 것은 스케치 업로드할 때 연결을 풀고 해야 한다는 의미이다.

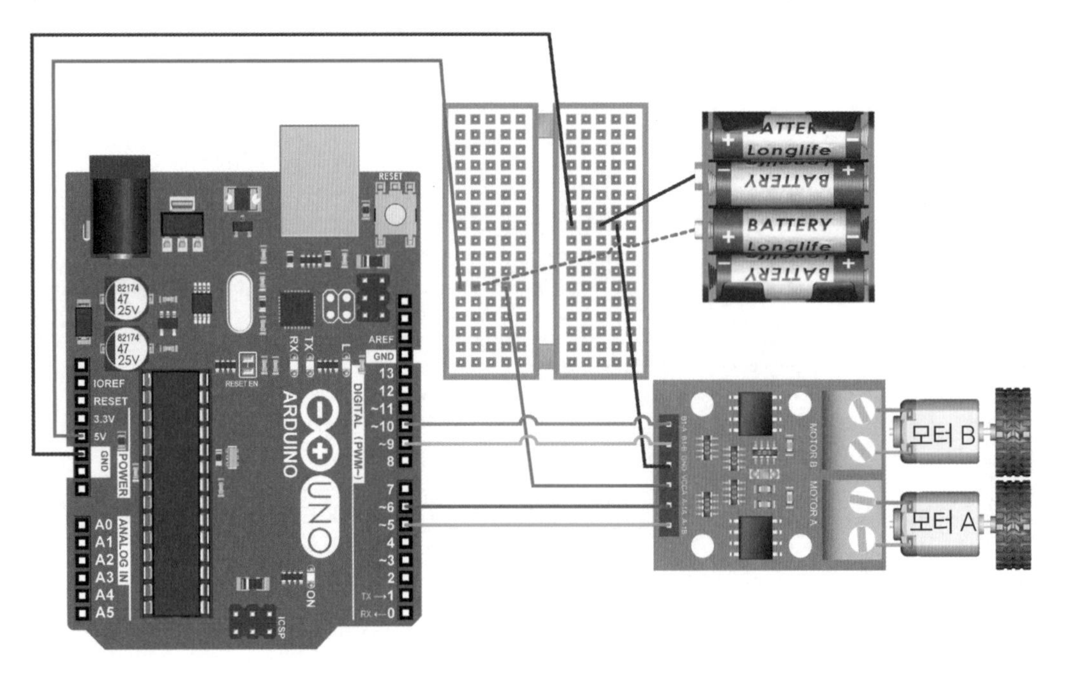

[그림 3-14] 아두이노와 모터 드라이버 및 모터 2대 연결

모터 2대를 동시에 컨트롤하는 스케치가 [그림 3-15]이다.
앞 [그림 3-13] 스케치의 연장선이므로 추가 설명이 필요하지 않을 것이다.

아두이노

파일 편집 스케치 툴 도움말

Motor_control_Test3

```
01  // L9110S 함수 적용 모터 2 대 컨트롤
02
03  void setup() {
04   pinMode(5, OUTPUT) ; // 모터 A 컨트롤 위하여 5번을 출력으로
05   pinMode(6, OUTPUT) ; // 모터 A 컨트롤 위하여 6번을 출력으로
06   pinMode(9, OUTPUT) ; // 모터 B 컨트롤 위하여 9번을 출력으로
07   pinMode(10, OUTPUT) ; // 모터 B 컨트롤 위하여 10번을 출력으로
08  }
09
10  void loop() {
11    Forward(250) ;    // 전진
12   Stop() ;           // 정지
13   Backward(150) ;  // 후진
14   Stop() ;
15   }
16
17   void Forward(int X) {
18   analogWrite(5, X);    // 모터 A 전진 X 속도로
19   analogWrite(6, 0);    // 모터 A 전진 X 속도로
20   analogWrite(9, X);    // 모터 B 전진 X 속도로
21   analogWrite(10, 0);  // 모터 B 전진 X 속도로
22   delay(1000);
23    }
24
25    void Stop() {
26   analogWrite(5, 0);  // 모터 A 정지
27   analogWrite(6, 0);  // 모터 A 정지
28   analogWrite(9, 0);  // 모터 B 정지
29   analogWrite(10, 0); // 모터 B 정지
30   delay(2000);
31    }
32
33   void Backward(int Y) {
34   analogWrite(5, 0);  // 모터 A 후진 Y 속도로
35   analogWrite(6, Y);  // 모터 A 후진 Y 속도로
36   analogWrite(9, 0);  // 모터 B 후진 Y 속도로
37   analogWrite(10, Y); // 모터 B 후진 Y 속도로
38   delay(1000);
39    }
```

[그림 3-15] 모터 2대 컨트롤 스케치

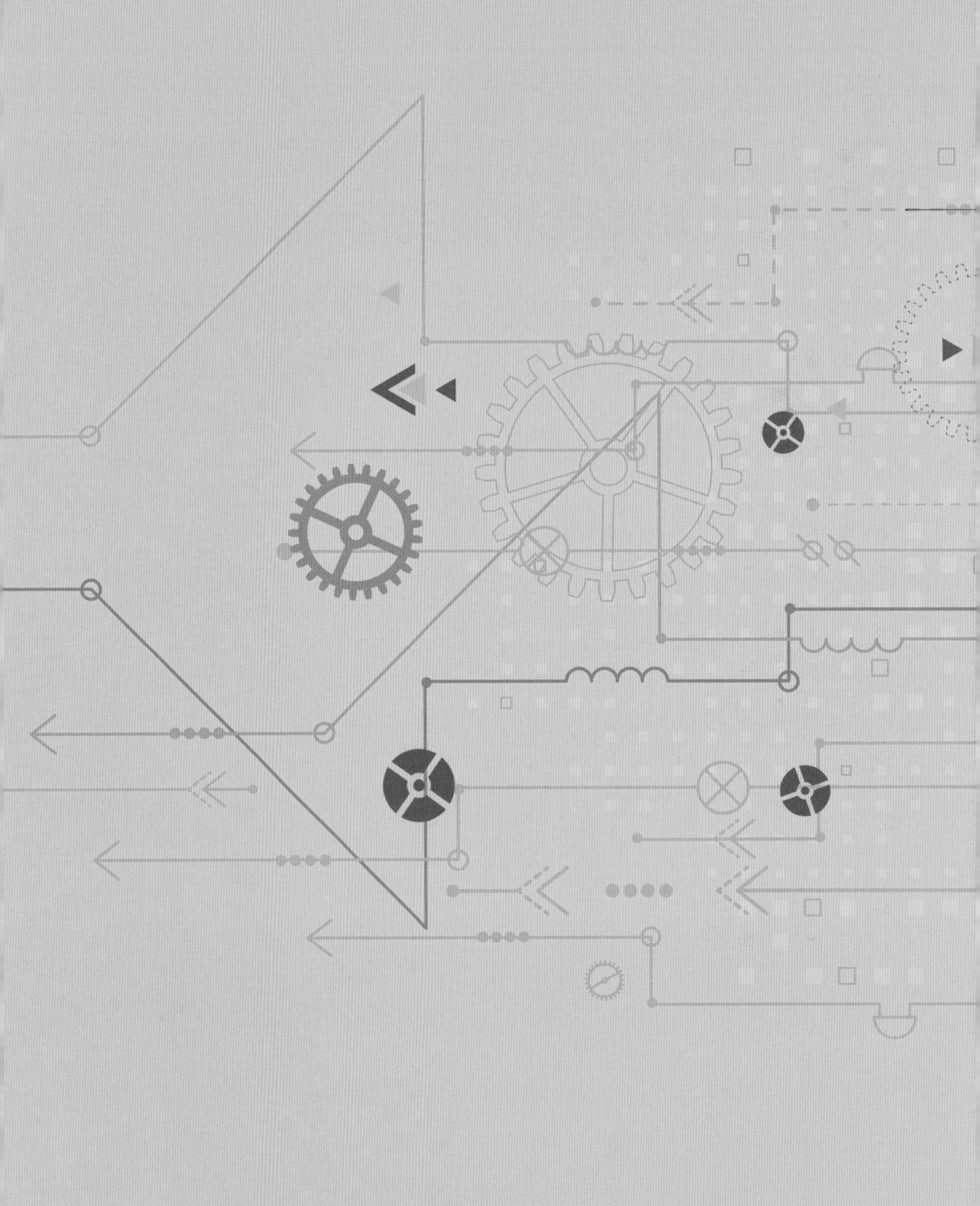

CHAPTER 04

차체 조립

01 구성 부품

포장을 개봉한 후 모든 부품을 확인하고 사용 목적별로 분류해서 놓는다.

필요 부품

① 차체 아크릴 판 1개 ② 기어 장착 모터 2개 ③ 모터 브라켓 2개 ④ 앞 타이어 2개
⑤ 뒷바퀴 1개 ⑥ 토글스위치 1개 ⑦ 아두이노 우노 R3 1개 및 USB 케이블 1개(1권 키트 항목)
⑧ L9110S 모터 드라이버 1개 ⑨ 배터리 팩 1개 ⑩ 미니 브레드보드 1개 ⑪ 라인 센서 2개
⑫ 점퍼 케이블 (암–수 12개, 수–수 2개) ⑬ 드라이버 1개
⑭ 서포트 긴 것 2개, 짧은 것 4개 및 볼트와 너트들

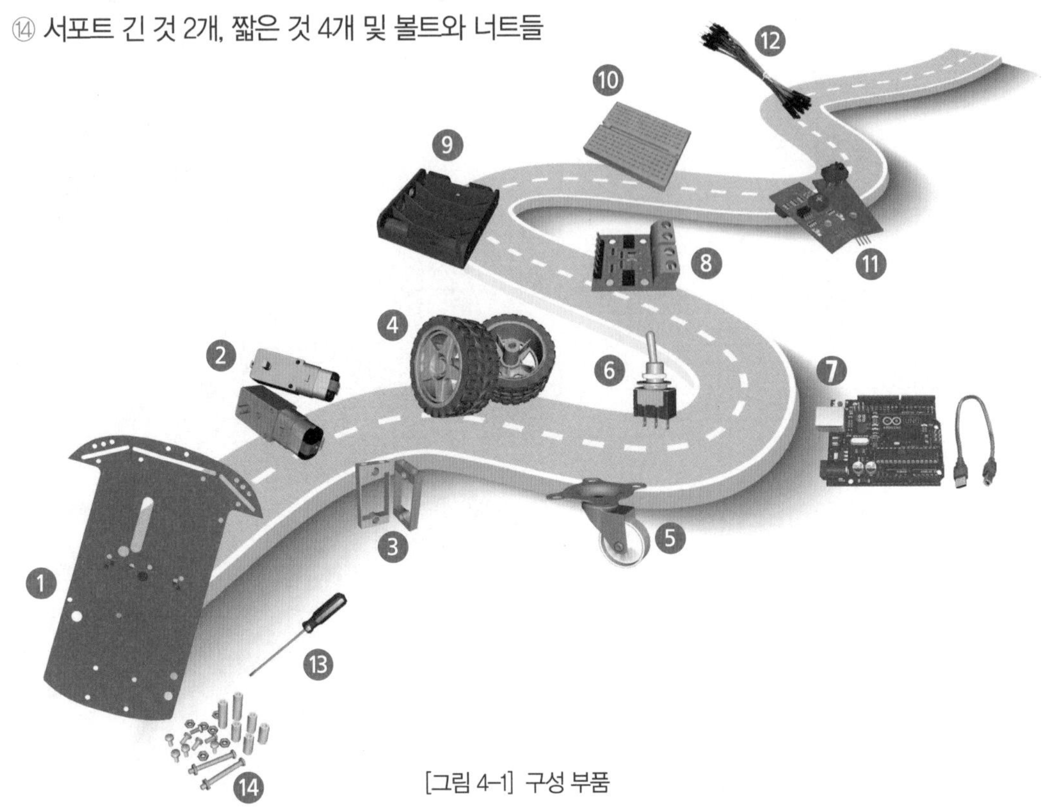

[그림 4-1] 구성 부품

부품을 장착하는 자리

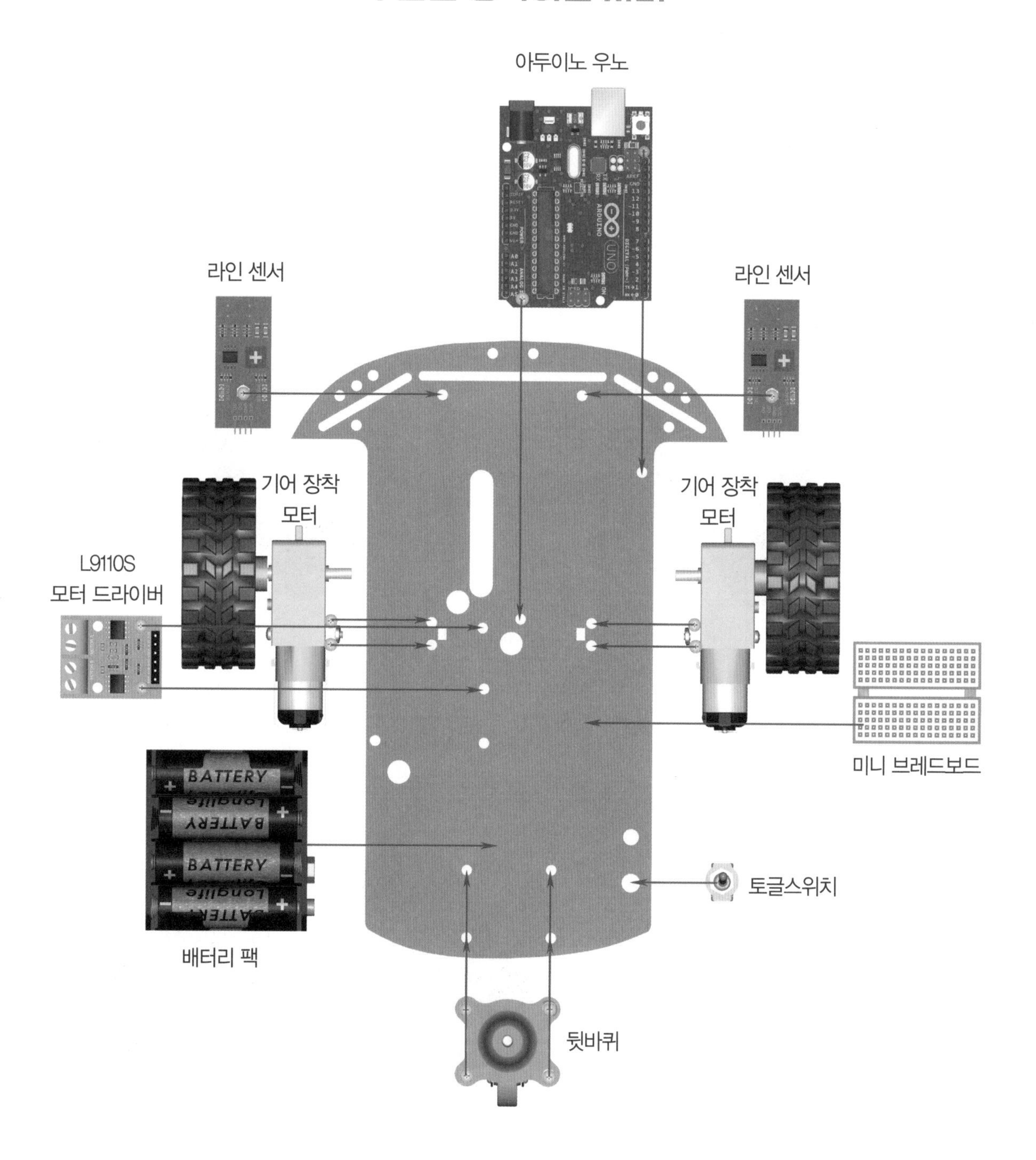

아두이노 우노
라인 센서
라인 센서
기어 장착 모터
기어 장착 모터
L9110S 모터 드라이버
미니 브레드보드
BATTERY
BATTERY
토글스위치
배터리 팩
뒷바퀴

02 모터 및 바퀴, 배터리 팩 장착

[그림 4-2]와 같이 모터의 머리 부분을 아래 방향으로 놓고, 긴 볼트 2개를 모터의 노란 플라스틱에 있는 홀을 통과시킨 다음 브라켓 홀에 너트로 고정한다.

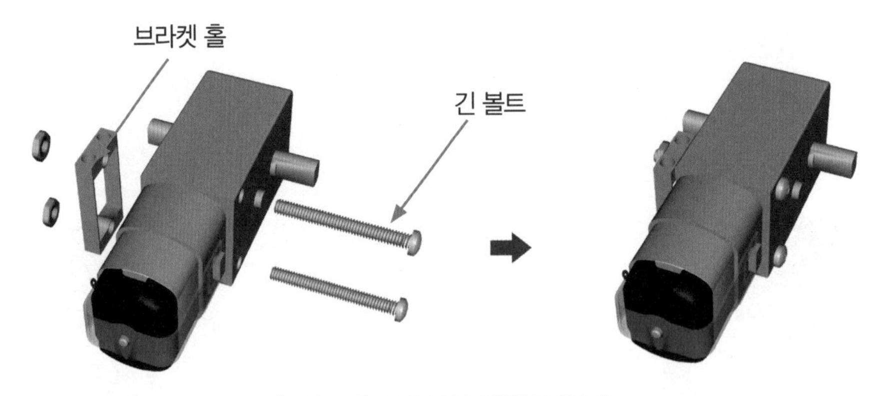

[그림 4-2] 모터 A에 브라켓 고정하기

같은 방법으로 모터 B도 [그림 4-2]와 같이 브라켓을 고정한다.
단 이때 모터 A와 B는 [그림 4-3]과 같이 서로 대칭 형태가 되어야 한다.

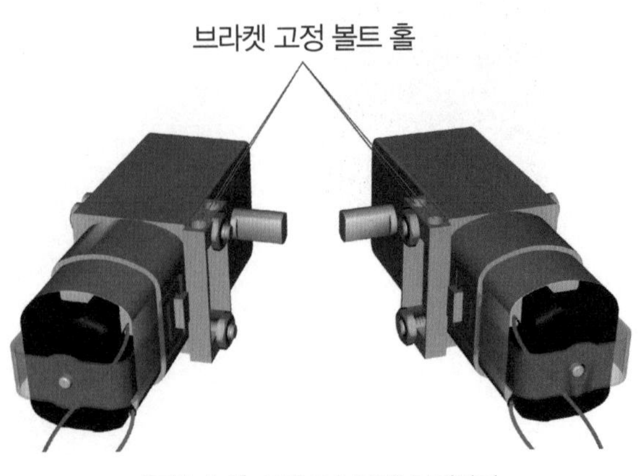

[그림 4-3] 모터 B 브라켓 고정하기

자동차 바닥인 아크릴 판에 있는 보호 필름을 벗겨낸 다음, 모터 헤드 부분이 [그림 4-4]와 같이 아래쪽으로 향하게 하고, 짧은 볼트로 모터와 판을 연결한다.

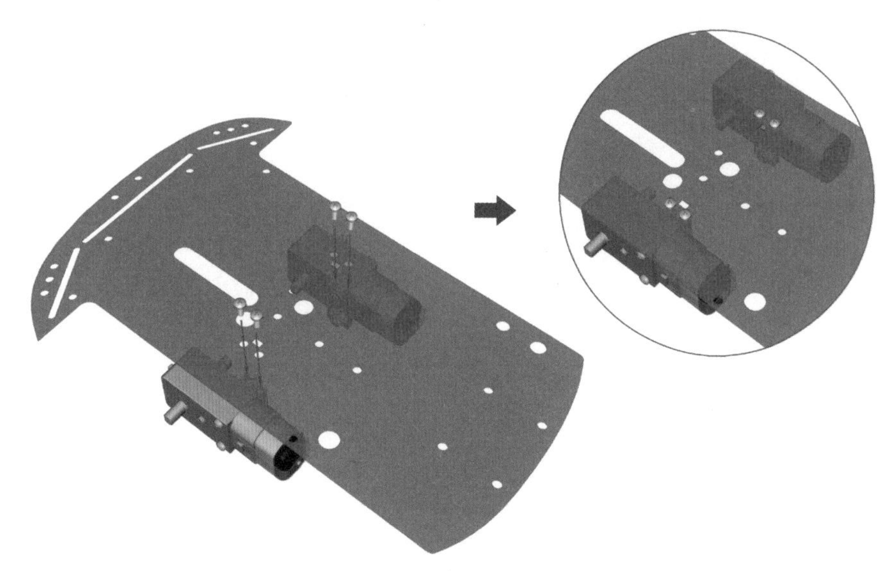

[그림 4-4] 모터를 아크릴 판에 고정하기

앞바퀴 중앙을 보면 사각 형태의 홈이 있다. 이 홈과 모터 축에 있는 사각 형태의 홈을 맞추어 약간 힘을 주어 밀어서 [그림 4-5]처럼 타이어를 고정한다.

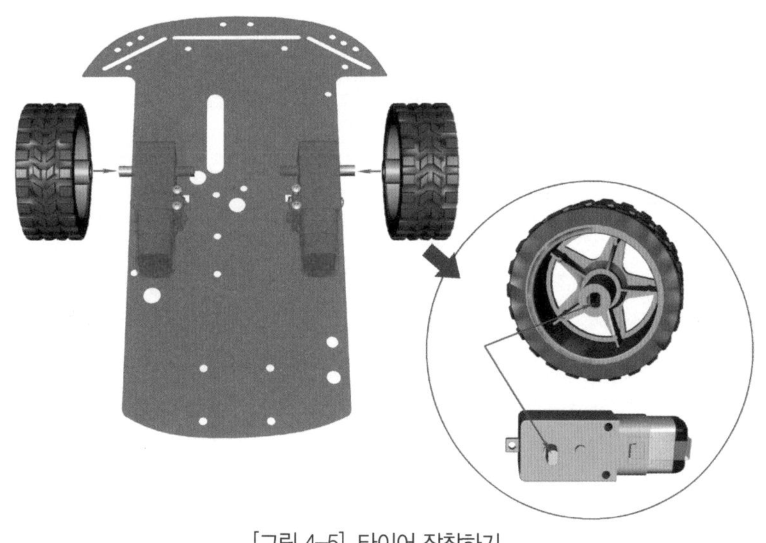

[그림 4-5] 타이어 장착하기

서포터를 사용하여 [그림 4-6]처럼 뒷바퀴를 차체 판과 결합한다.

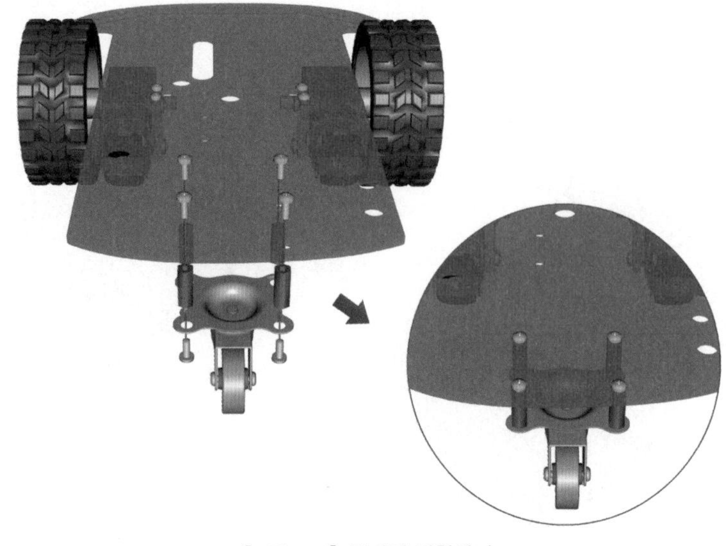

[그림 4-6] 뒷바퀴 장착하기

차체를 바로 놓고 [그림 4-7]처럼 토글스위치를 설치한다.

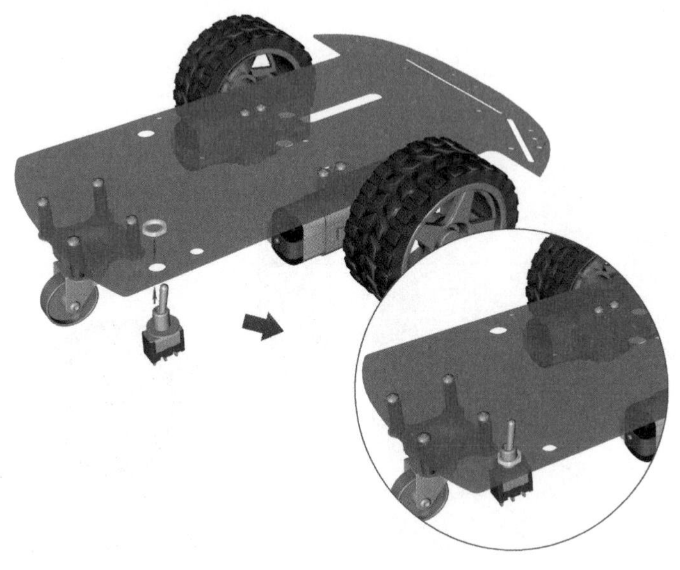

[그림 4-7] 토글스위치 설치

양면테이프를 [그림 4-8]과 같이 뒷바퀴 고정 볼트 사이에 붙이고 그 위에 배터리 팩을 접착시킨다.

차체 판 끝부분과 팩 끝부분이 일치할 정도 위치에 놓는 것이 좋다.

나머지 부품들을 설치할 충분한 장소를 남겨 두려는 것이다.

배터리 전선이 왼쪽 바퀴 방향에 위치하게 하면 브레드보드와 가깝게 되어 서로 연결하기가 쉽다.

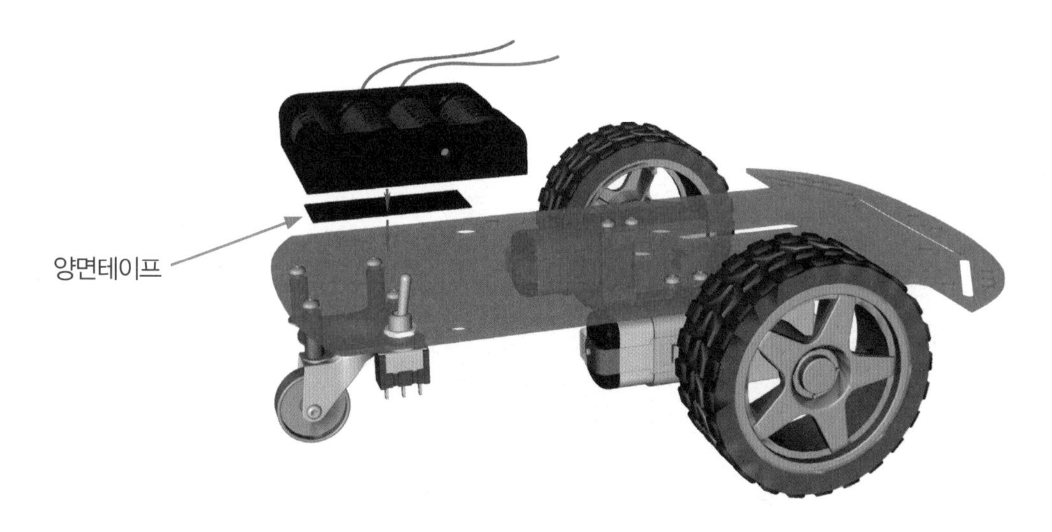

[그림 4-8] 배터리 팩 접착

아두이노 보드, 모터 드라이버 및 센서 장착

아두이노 보드 뒷면에 짧은 서포트를 [그림 4-9]와 같이 대각선 방향으로 2개 장착한다. USB 포트 옆에 있는 홀과 그 대각선 방향에 있는 홀이다.

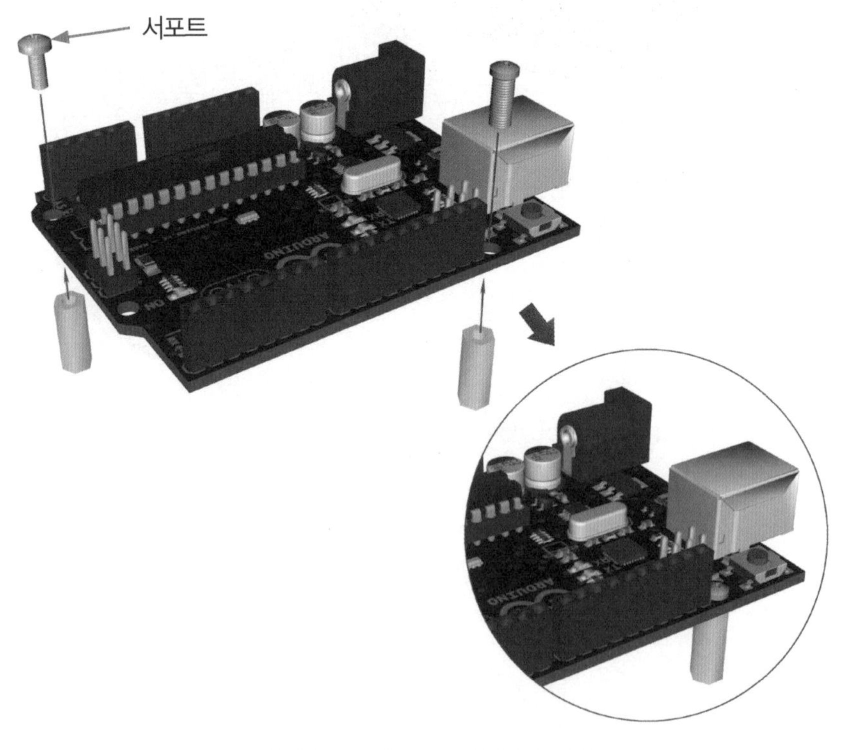

[그림 4-9] 서포트 장착 아두이노 보드

[그림 4-10]은 아두이노 보드와 모터 드라이버를 고정하는 홀들을 나타낸다.

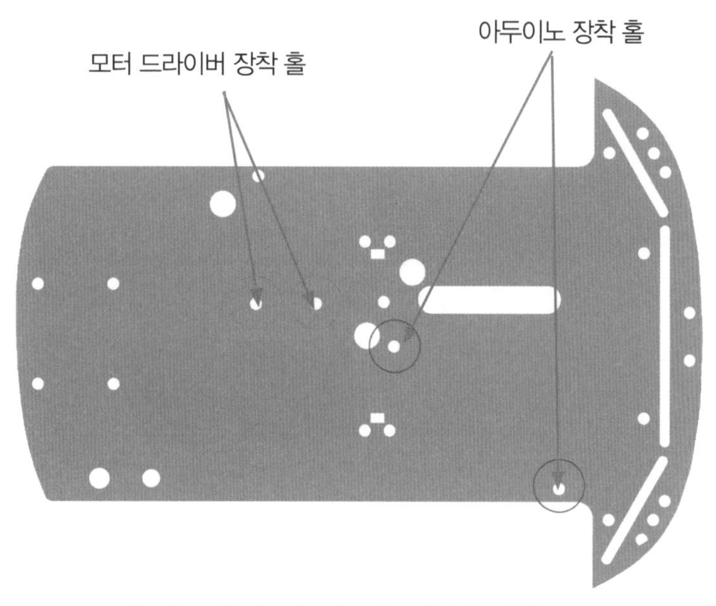

[그림 4-10] 아두이노와 모터 드라이버 고정 홀 위치

짧은 볼트를 사용하여 차체와 아두이노를 [그림 4-11]과 같이 고정한다.

[그림 4-11] 아두이노 보드 장착

모터 드라이버도 아두이노를 장착할 때와 같은 방법으로 [그림 4-12]과 같이 뒷면에 짧은 서포트를 장착한다.

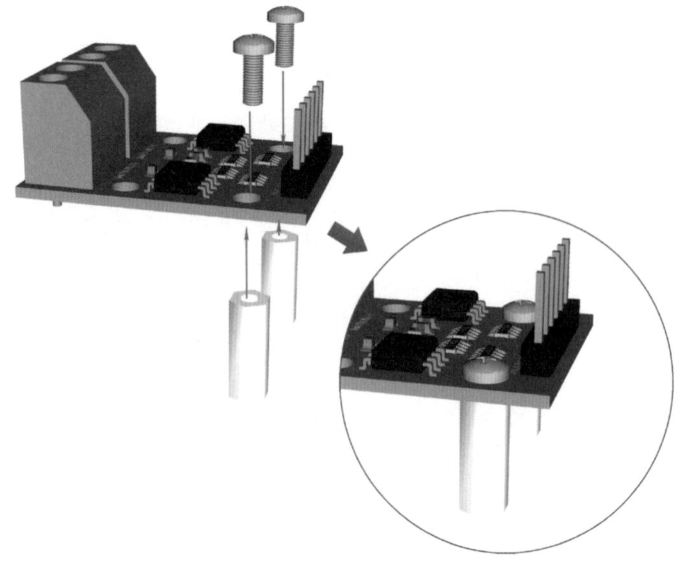

[그림 4-12] 모터 드라이버 서포트

모터 선을 연결하는 터미널(녹색)이 바퀴 방향에 위치하도록 [그림 4-13]과 같이 볼트로 차체와 고정한다.

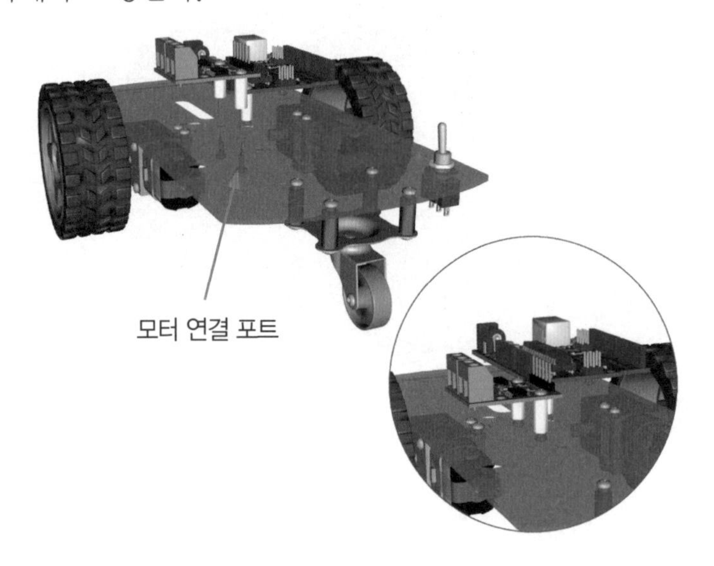

[그림 4-13] 모터 드라이버 장착

미니 브레드보드 뒷면에 얇은 플라스틱 필름을 벗겨내면 접착력을 가진 테이프가 나온다. 아두이노 옆에 [그림 4-14]처럼 붙인다.

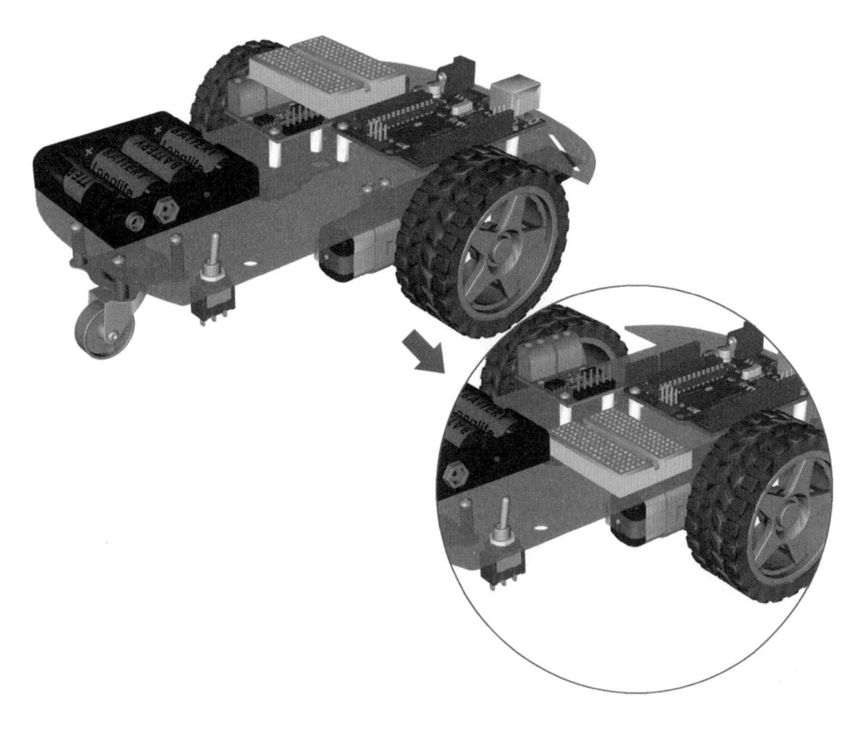

[그림 4-14] 미니 브레드보드 장착

라인 센서 뒷면에 [그림 4-15]과 같이 긴 서포터를 장착한다.
이때 서포터가 회전하면서 옆에 있는 초소형 LED를 훼손시키지 않도록 주의해야 한다.

서포터는 움직이지 않게 하고 밑에 있는 볼트를 회전시켜 장착하는 것이 좋다.
이런 방법으로 라인 센서 2개를 만든다.

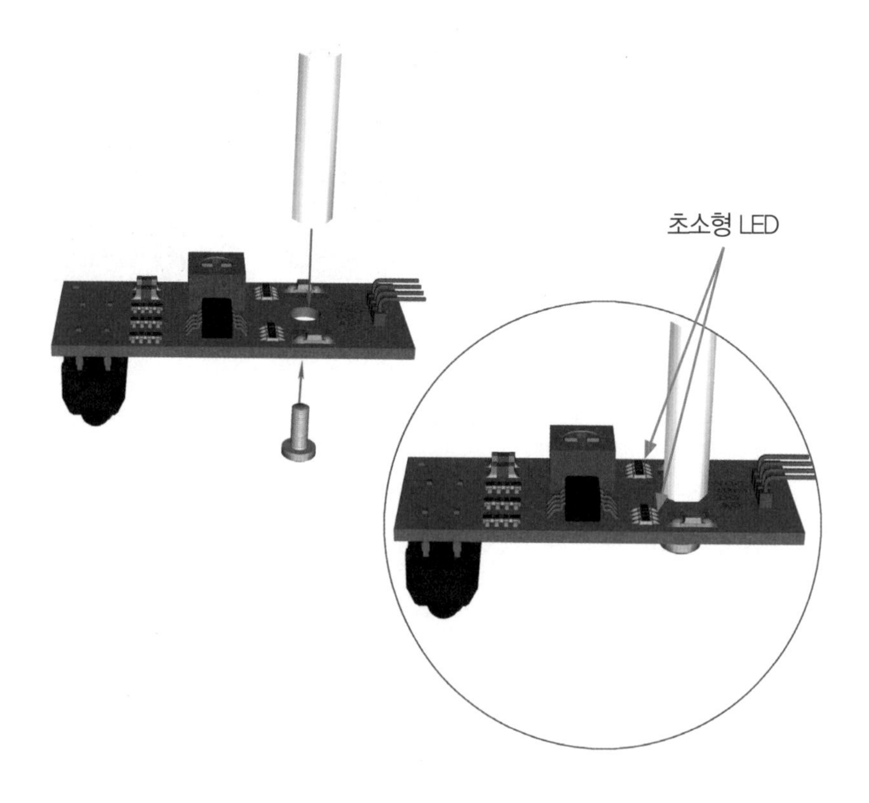

[그림 4-15] 라인 센서 서포터 장착

[그림 4-16]과 같이 라인 센서를 차체에 고정하면 자동차 차체 제작은 완성이다.

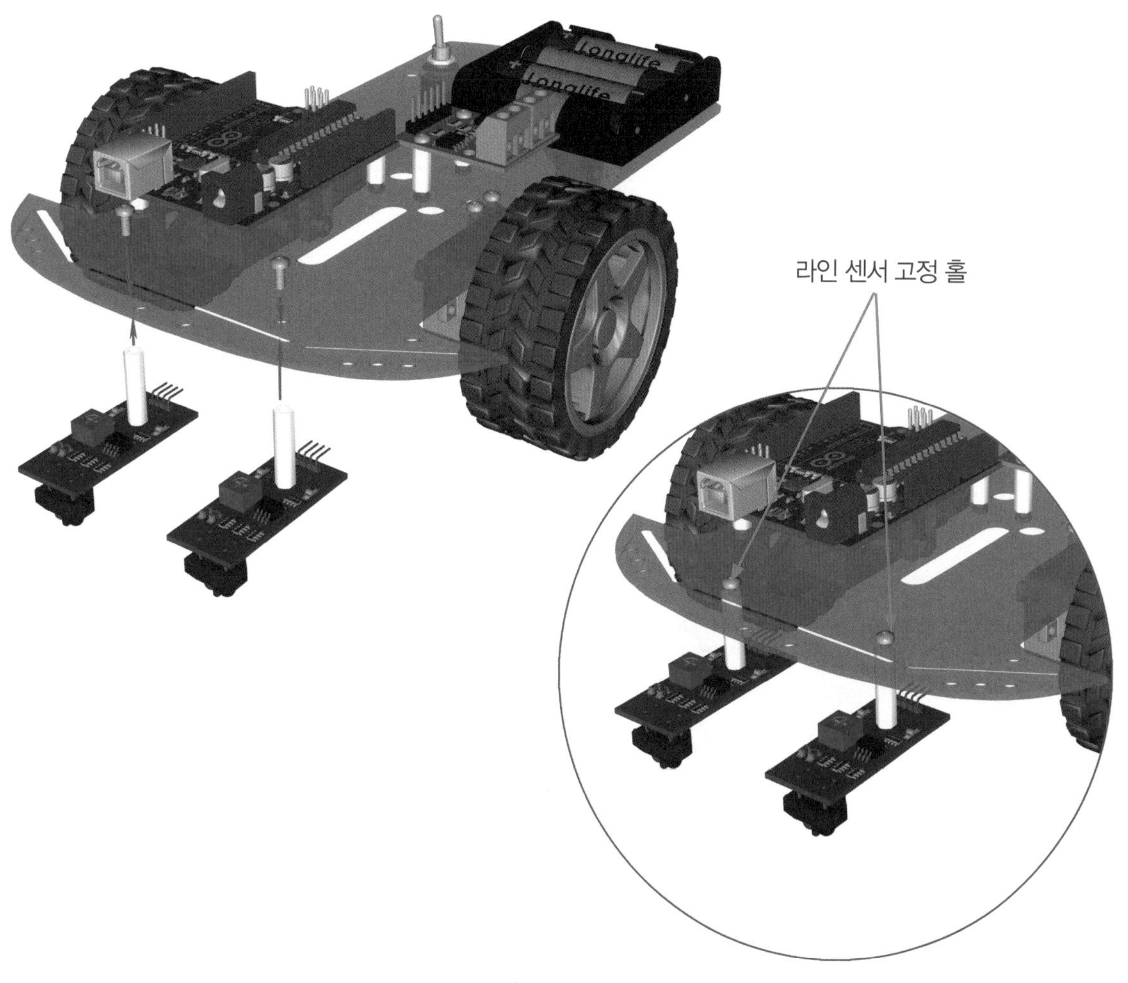

[그림 4-16] 완성된 자동차 차체

04 전체 연결 회로

[그림 4-17]에 배터리 전원을 제외한 모든 연결을 나타내었다.

모터 드라이버 위쪽 2개의 핀은 아두이노 10번과 9번 핀에 연결한다.

모터 드라이버의 아래쪽 2개의 핀은 아두이노 6번과 5번 핀에 연결한다.

센서의 DO 핀은 아두이노 4번 핀과 3번 핀에 각각 연결한다.

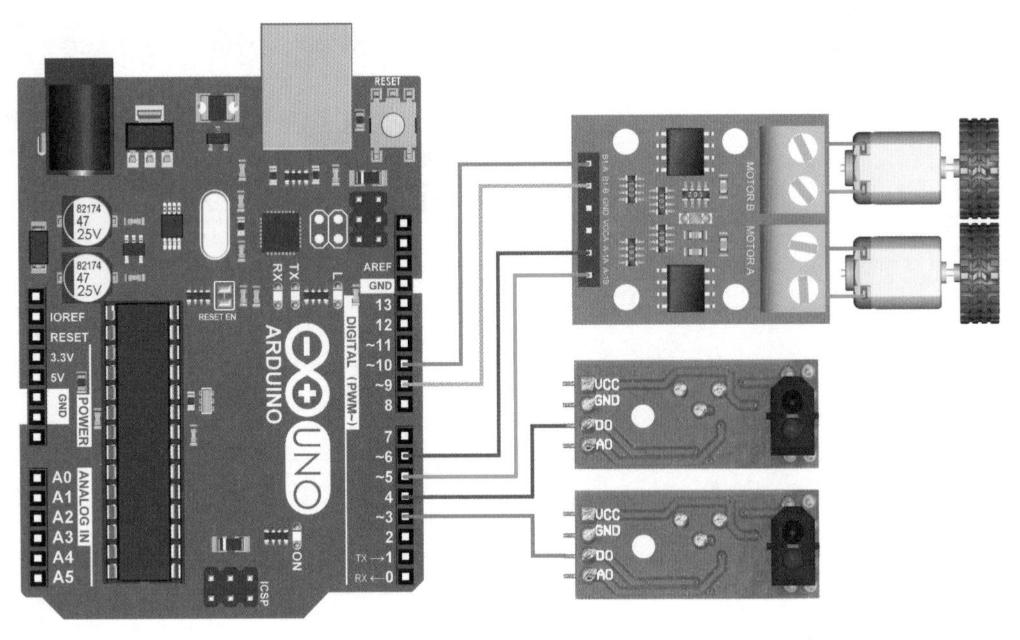

[그림 4-17] 전원을 제외한 아두이노에 센서와 모터 연결한 회로

앞에서 본 [그림 4-17]에 전원 라인을 추가하자. 빨간색은 +극, 검은색은 -극이다. 배터리에서 공급되는 전원을 아두이노, 모터 드라이버 및 센서에 공급해 주어야 한다. 배터리의 +극은 스위치와 연결하여 업로드할 때 전원을 끌 수 있도록 하였다.

아두이노 5V 핀과 모터 드라이버의 VCC 핀 및 센서의 VCC 핀에 스위치를 통해서 나오는 +극(빨간색 선)을 연결한다.

아두이노의 GND 핀과 모터 드라이버의 GND 핀 및 센서의 GND 핀에 배터리에서 나오는 -극(검은색 선)을 연결한다.

브레드보드에서 같은 극은 같은 행에 있는 홀에 꽂으면 된다. [그림 4-18]

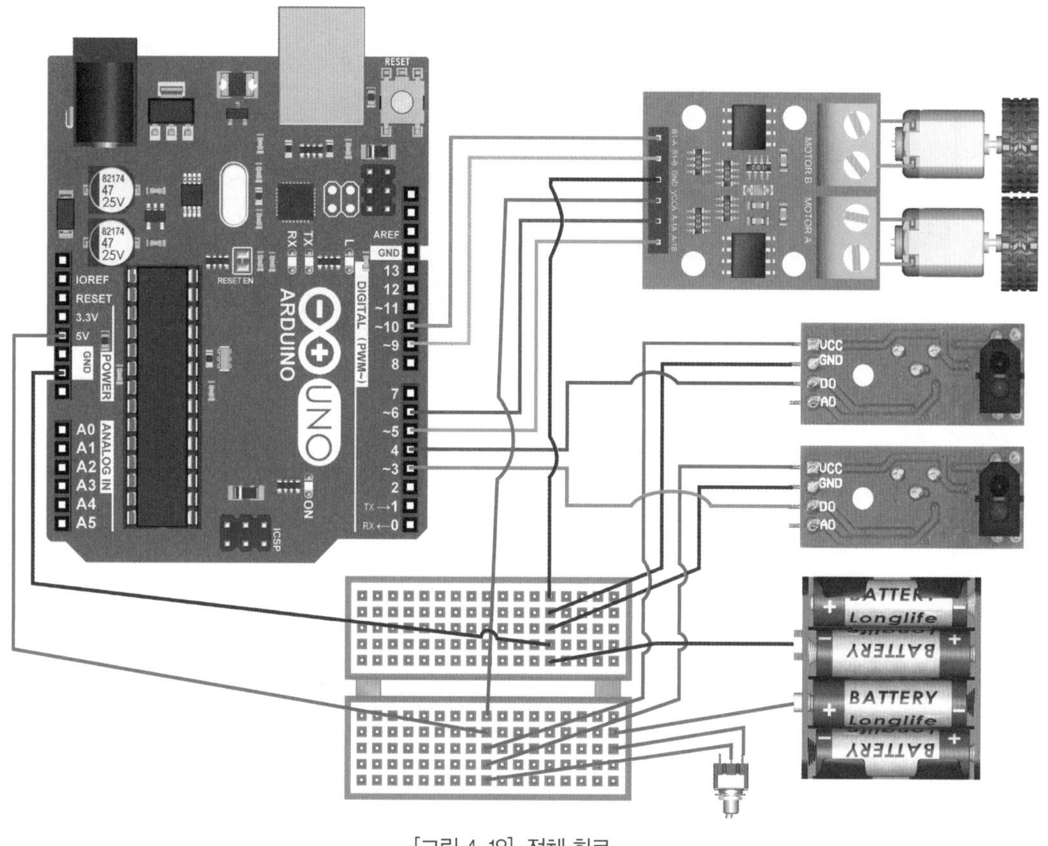

[그림 4-18] 전체 회로

회로가 모두 연결된 차량

CHAPTER 05

최종 스케치

전체 스케치

[그림 5-1]에 있는 전체 스케치는 좀 긴 것 같지만, 빨간색 선으로 구분한 4개의 블록으로 나누어 보면 그렇게 복잡한 것은 아니다. 한 블록 안에서도 비슷한 명령 반복이 많아, 핵심만 알고 나면 나머지도 쉽게 이해할 수 있다.

라인 센서 2개와 모터 2대를 사용하면서 빠른 속도와 정확도를 가진 콤팩트한 스케치로는 [그림 5-1]이 유일할 것이다.

방향 전환을 빠르게 하기 위하여 회전하는 쪽 바퀴는 후진, 반대편에 있는 바퀴는 전진하도록 하였다.

아두이노

파일 편집 스케치 툴 도움말

Line_Tracer_Complete

```
01 // 아두이노 우노, L9001S & 모터 2개, TCRT 2개
02
03 int L, R ;  // 센서가 읽은 데이터 저장 위하여
04 int AIA = 5; // A 모터
05 int AIB = 6;
06 int BIA = 9; // B 모터
07 int BIB = 10;
08
09 void setup() {
10  pinMode(AIA, OUTPUT); // 모터
11  pinMode(AIB, OUTPUT);
12  pinMode(BIA, OUTPUT);
13  pinMode(BIB, OUTPUT);
14  pinMode(4, INPUT);      // 라인 센서
15  pinMode(3, INPUT);
16 }
17
18 void loop() {
19  R=digitalRead(4);  // 센서 읽고 저장
20  L=digitalRead(3);
```

```
21
22    if(R==0 && L==0)  {   // 모두 흰색이면
23    forward(150) ; }
24
25    if(R==0 && L==1)
26    {  L_turn(180) ;     }
27
28    if(R==1 && L==0)
29    {  R_turn(180) ;     }
30
31    if(R==1 && L==1)  // 모두 검은색이면
32    {  brake( ) ;            // 정지
33    delay(4000) ; }
34   }
35
36   //----------------------
37    void forward(int X) {
38   analogWrite(AIA, X);
39   analogWrite(AIB, 0);
40   analogWrite(BIA, X);
41   analogWrite(BIB, 0);
42   delay(5) ;
43   brake() ;
44   delay(3) ;
45    }
46
47   void L_turn(int Y) {           // 좌회전
48   analogWrite(AIA, 0);
49   analogWrite(AIB, Y);
50   analogWrite(BIA, Y);
51   analogWrite(BIB, 0);
52   delay(5) ;
53   brake() ;
54   delay(3);
55    }
56
57   void R_turn(int Z) {         // 우회전
58   analogWrite(AIA, Z);
59   analogWrite(AIB, 0);
60   analogWrite(BIA, 0);
61   analogWrite(BIB, Z);
62   delay(5) ;
63   brake() ;
64   delay(3);
65     }
66
67   void brake( ) {          // 정지
68   analogWrite(AIA, 0);
69   analogWrite(AIB, 0);
70   analogWrite(BIA, 0);
71   analogWrite(BIB, 0);
72   }
```

[그림 5-1] 전체 스케치

다음 페이지부터 각 블록에 있는 스케치에 대한 설명이 이어진다.

02 각 블록별 스케치 이해하기

[그림 5-2]에 있는 첫 번째 블록은 스케치 코딩 전체에서 사용할 변수들을 저자가 임의로 지정해 준 것이다.

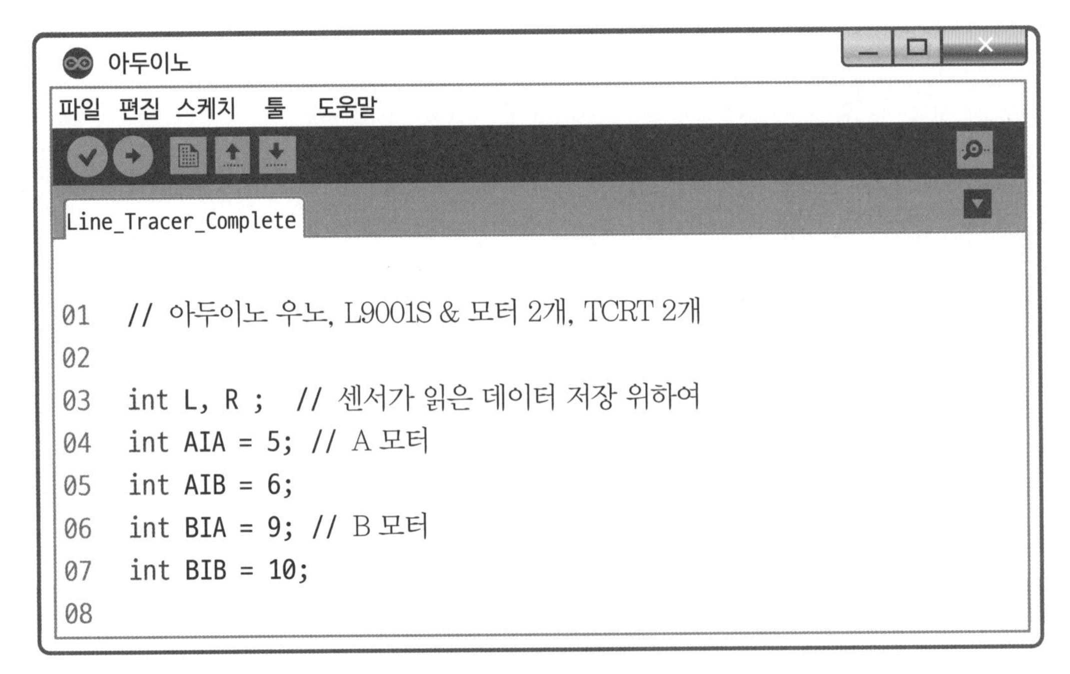

[그림 5-2] 첫 번째 블록 스케치

int L, R은 L과 R에 숫자를 저장하려고 하는데 저장하는 숫자의 형태는 소수점이 없는 숫자인 정수라고 정의해 주는 것이다.

int AIA=5는 숫자 5 대신에 단어 AIA를 사용하겠다는 것이다.

이어지는 명령에서 이해하겠지만 아두이노 디지털 5번 핀을 5 대신 AIA라는 단어를 사용하고, 모터 선을 쉽게 파악하겠다는 의도이다. AIA는 모터 드라이버 핀에 쓰여 있는 핀 명칭이다[그림 3-10].

AIB ~ BIB는 모두 다 같은 맥락으로 사용한 것이다.

[그림 5-3]에 있는 두 번째 블록은 아두이노 작업 전 준비 과정인 셋업이다. 디지털 핀 5, 6, 9, 10번을 출력(OUTPUT)으로 사용할 준비를 했고, 디지털 핀 4, 3번은 센서에서 나오는 입력(INPUT)을 받는 것으로 준비했다.

```
09  void setup() {
10   pinMode(AIA, OUTPUT); // 모터
11   pinMode(AIB, OUTPUT);
12   pinMode(BIA, OUTPUT);
13   pinMode(BIB, OUTPUT);
14   pinMode(4, INPUT);      // 라인 센서
15   pinMode(3, INPUT);
16  }
17
```

[그림 5-3] 두 번째 블록 스케치

다음은 [그림 5-4]에 있는 세 번째 블록을 보자.

```
18  void loop() {
19   R=digitalRead(4);  // 센서 읽고 저장
20   L=digitalRead(3);
21
22   if(R==0 && L==0)  {   // 모두 흰색이면
23   forward(150) ; }
24
25   if(R==0 && L==1)
26   {  L_turn(180) ;    }
27
28   if(R==1 && L==0)
29   {  R_turn(180) ;    }
30
31   if(R==1 && L==1)  // 모두 검은색이면
32   {  brake( ) ;            // 정지
33   delay(4000) ; }
34  }
35
```

[그림 5-4] 세 번째 블록 loop( )

R=digitalRead(4)는 아두이노 디지털 4번 핀을 읽고 R이라는 이름에 넣으라는 명령이다. 4번은 오른쪽 센서에서 오는 신호선이 연결되어 있다. 흰색이면 0, 검은색이면 1이다.

&&는 비교연산자이다. 왼쪽에 있는 것과 오른쪽에 있는 것을 비교하라는 것이다.

예를 들면 < 도 비교연산자 중에 하나이며 왼쪽에 있는 것이 오른쪽보다 적다는 것이다.

&&는 앤드앤드(그리고 그리고)라고 읽는데 A && B하면 A도 참이고 B도 참이면 답은 1, 그렇지 않으면 0이에요.

`R==0`은 왼쪽 R에 있는 값이 오른쪽에 있는 0과 같은지를 비교하는 것이다. 같으면 참이어서 답은 숫자로 1이고 다르면 거짓이어서 답은 숫자로 0이다.

`L==0`은 왼쪽 L에 있는 값이 오른쪽에 있는 0과 같은지를 비교하는 것이다.
같으면 참이어서 답은 숫자로 1이고
다르면 거짓이어서 답은 0이다.
이제 (R==0 && L==0)은 && 왼쪽과
오른쪽 둘 다 참일 때만 참이다.
둘 다 참이면 괄호 ( ) 안에 있는 값이
참(숫자로 1)이므로
이어지는 중괄호 { } 안에 있는 작업을 수행한다.
작업은 forward(150) 즉 전진이고 속도는 150이다.

A==B이면 A와 B를 비교.
만약 A=5, B=5이면 답은 참,
숫자로는 1.
A=5, B=3이면 답은 거짓이며,
숫자로는 0이다.

`forward(150)`은 우리가 이 스케치에서 만들어준 함수이고 내용은 37번째 줄부터이다.

[그림 5-4]에 있는 내용이 중요하기 때문에 계속하여 설명하기로 하자.

`if(R==0 && L==1)`을 분석하려면 괄호 ( ) 안의 내용을 먼저 보아야 한다.
R==0 그리고 L==1 두 가지 조건 모두를 만족시켜야 참이므로 하나씩 확인해준다.
R==0은 R 센서가 흰색을 읽을 때 만족하며 L==1은 L 센서가 검은색을 읽을 때 만족한다. 두 가지 조건을 모두 만족시키면 괄호 ( ) 안에 있는 내용은 참이 되므로 바로 다음 명령을 수행한다.

전체적으로 다시 종합하면 && 왼쪽도 참(1)이고 오른쪽도 참(1)일 때만 if( ) 괄호 안이 참이 되어 이어지는 중괄호 { } 안에 있는 작업을 수행한다.

중괄호 안에 있는 작업 내용은 L_turn(180)이다. L_turn은 우리가 이 스케치를 작성하면서 지어준 함수 이름이다. 이 함수를 만나면 스케치 47번 줄로 가서 55번 줄까지의 작업을 수행한다. 즉 좌회전을 한다. 이때 속도는 180이다.

아두이노 우노 보드에서 최고 속도는 255라고 표시한다. 이유는 8비트 컴퓨터이기 때문인데 비트(0 또는 1이라고 쓸 수 있는 상자)는 컴퓨터의 가장 기본적인 단위이다.
다른 말로 비유하면 물질의 최소 단위인 원자와 같은 것이다. 비트 2개를 사용하여 만들 수 있는 숫자의 종류는 4이다. 즉 00, 01, 10, 11이다.
비트 8개로 나타낼 수 있는 숫자의 종류는 2^8 즉 256이다. 이 256은 우리가 1부터 시작하여 계산한 숫자이고, 컴퓨터 숫자는 0부터 시작하기 때문에 8 비트로 나타낼 수 있는 가장 큰 숫자는 255가 되는 것이다.

최종 네 번째 블록 앞부분을 보자.

```
36  //----------------------
37   void forward(int X) {
38  analogWrite(AIA, X);
39  analogWrite(AIB, 0);
40  analogWrite(BIA, X);
41  analogWrite(BIB, 0);
42  delay(5) ;
43  brake() ;
44  delay(3) ;
45   }
46
47  void L_turn(int Y) {          // 좌회전
48  analogWrite(AIA, 0);
49  analogWrite(AIB, Y);
50  analogWrite(BIA, Y);
51  analogWrite(BIB, 0);
52  delay(5) ;
53  brake() ;
54  delay(3);
55   }
56
```

[그림 5-5] 만든 함수

void는 이 함수에서 계산한 값을 다른 데서 사용하지 않는다는 단어이다.

이어지는 **forward**는 이 스케치에서 사용하려고 해서 만든 단어이고, 괄호 안에 있는 **int X**의 뜻은 X값은 정수라는 것이다.

앞에 있는 23번 줄에서 forward(150)을 하였다. 여기에서 사용한 150이 37번에 있는 X값이 되어 38, 40번 줄에 있는 직진 작업을 수행할 때 사용되는 것이다.

직진 상태를 delay(5)를 사용하여 5밀리초 진행하고 정지 상태인 brake( )를 한다.
직진 상태를 너무 오래 유지하면 자동차가 라인을 벗어나 버릴 수 있다.
정지 상태인 brake( )를 하고 delay(3)을 써서 다시 3밀리초 동안 그 상태로 있도록 하였다.

줄 48과 49번을 보면 AIA에는 0, AIB에는 Y라는 숫자가 들어간다. 이것은 후진을 하라는 명령이다. 50~51은 전진 명령이다.

delay(5)와 delay(3)은 전진(forward)과 정지(brake)를 짧은 시간만 유지하도록 한 것이다.

스케치의 마지막 부분이 [그림 5-6]이다.

앞에서 설명한 [그림 5-5]와 같기 때문에 다시 설명하지 않기로 한다.

```
57  void R_turn(int Z) {        // 우회전
58  analogWrite(AIA, Z);
59  analogWrite(AIB, 0);
60  analogWrite(BIA, 0);
61  analogWrite(BIB, Z);
62  delay(5) ;
63  brake() ;
64  delay(3);
65    }
66
67  void brake( ) {         // 정지
68  analogWrite(AIA, 0);
69  analogWrite(AIB, 0);
70  analogWrite(BIA, 0);
71  analogWrite(BIB, 0);
72  }
```

[그림 5-6] 스케치 블록 마지막 부분

코딩 업로드와 시운전

이제 스케치를 모두 파악했으니 아두이노에 업로드할 차례이다.
스케치는 직접 입력해도 되고,
저자가 운영하는 웹페이지(www://cafe.naver.com/arduinofun)에서
다운받아서 사용해도 된다.

업로드 하기 전에 컴파일을 먼저 해보는 것이 좋다.
업로드 시 스케치에 에러가 있으면 소프트웨어가 중간에 오래 멈출 수 있기 때문이다.
컴파일하면 문제점들을 빠르게 알려 준다.

업로드 전에 반드시 메뉴 바의 도구를 클릭하여 보드가 Arduino/Genuino Uno로 선택되었는지 또 포트에서 COM~ 앞에 선택 표시가 있는지 확인하여야 한다.

업로드할 때 배터리 스위치를 꺼야 하는 것을 주의하여야 한다.

업로드 완료 후 배터리 스위치를 켜자. 아두이노, 모터 드라이버, 라인센서 에 있는 전원 표시 LED들이 모두 켜져 있는지 확인한다.

이상이 있으면 연결회로를 다시 검토한다.

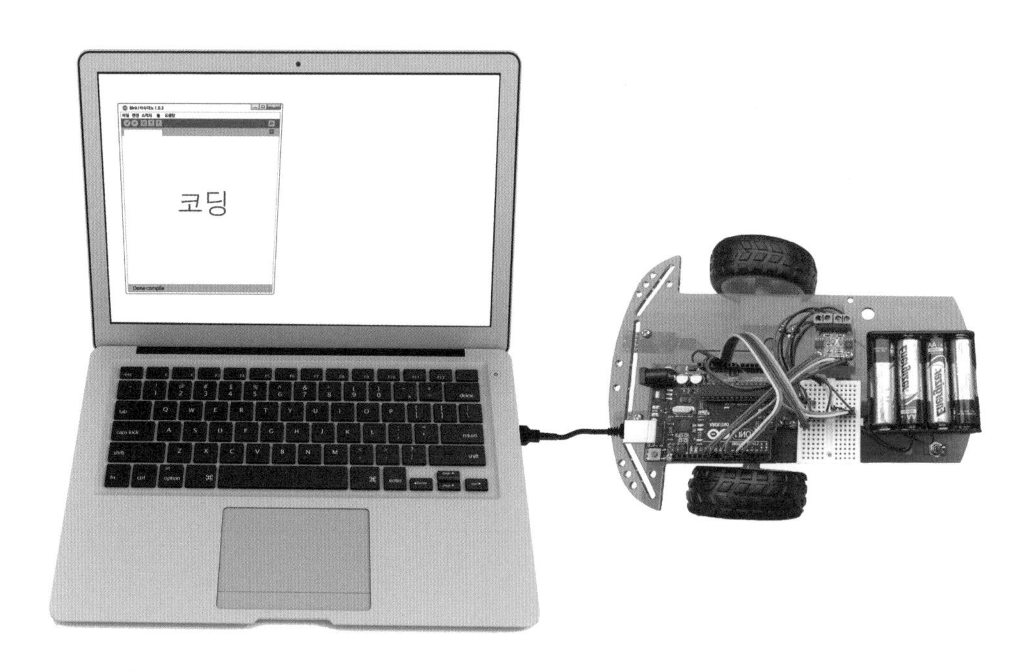

자동차가 완성된 후에는 반드시 시운전 점검을 하여야 한다. 이때 센서의 작동을 확인하기 위하여 만들었던 [그림 2-7]과 같은 축소판 트랙 테스트 페이퍼나 책과 함께 제공된 트랙을 사용하면 된다.

방향 점검

두 센서가 트랙의 흰색을 보도록 하고 두 바퀴가 모두 전진 방향으로 회전하는지를 점검한다.
만약 후진 방향으로 회전하는 바퀴가 있으면 아두이노의 9번, 10번 핀을 바꾸어 꽂고 다시 테스트한다.

이때 두 가지 경우가 발생할 수 있다.
두 바퀴가 모두 후진하거나 모두 전진하는 경우이다. 모두 후진하는 경우, 다시 9번과 10번 핀을 바꾸어 꽂고 추가로 5번과 6번 핀도 바꾸어 꽂아준다.

모두 전진하는 경우는 제대로 된 것이므로 센서 점검 단계로 넘어간다.

센서 점검

트랙의 흰색을 보았을 때 두 바퀴가 모두 전진하는 것을 확인했으면, 이제 좌우 센서가 제대로 연결되었는지 확인해야 한다.

왼쪽 센서에 트랙의 검은색을, 오른쪽 센서에 트랙의 흰색을 가까이 대보자. 오른쪽 바퀴가 전진하는지 확인하자.
반대의 상황이 일어난다면 3번 핀과 4번 핀의 위치를 서로 바꾸면 된다.

이제 트랙에서 마음껏 즐기세요!

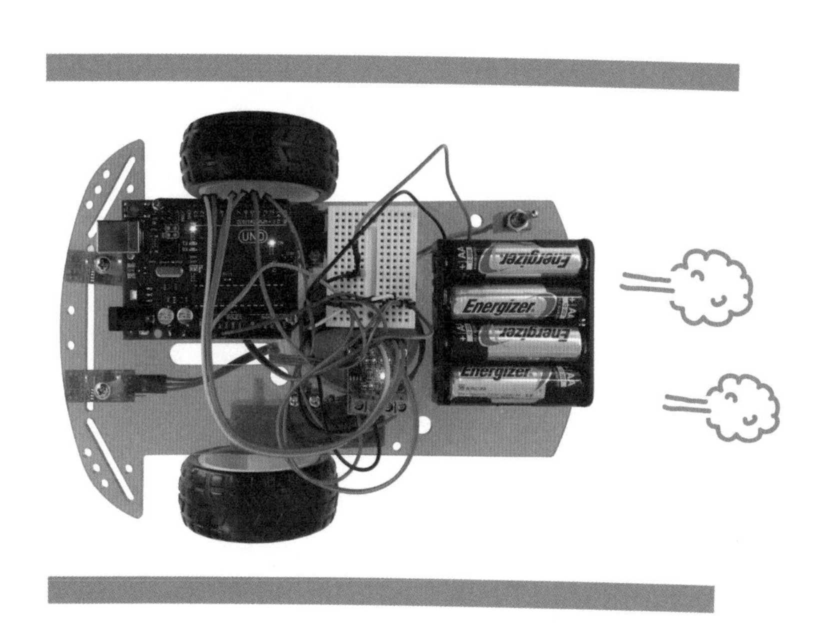

CHAPTER 06 부록

부록 01

주요 아두이노 언어, 연산자 요약

주요 아두이노 언어

언어	내용
//	이 기호가 앞에 있으면 그 줄은 코딩이 아니고 그냥 코멘트이다.
/* ~~ */	~~에 들어가는 내용은 여러 줄이어도 코멘트이다.
;	명령 하나가 끝날 때 마다 ;을 사용하여 알려준다.
대문자, 소문자	전혀 다른 문자로 인식한다.
int	Integer(정수)의 약자이다. 소수점이 없는 숫자라는 뜻이다.
void setup( )	작업을 준비(셋업)시키는 명령이다. 스케치에 반드시 있어야 한다. void는 이 셋업 작업에서 나온 결과를 다른 곳에서 불러사용하지 않는다는 뜻이다. 셋업에서 수행하는 내용은 바로 이어지는 중괄호 { } 안에 있다.
pinMode(핀 번호, INPUT/OUTPUT)	셋업에서 핀을 입력(INPUT) 또는 출력(OUTPUT)으로 사용할 것인지를 준비한다.
void loop( )	모든 스케치에 필수적으로 있어야 한다. 이어지는 중괄호 {~~}안에서 실제 작업이 반복적으로 수행된다.
digitalWrite(핀 번호, HIGH/LOW)	루프(loop) 안에서 디지털 핀이 출력으로 셋업된 경우 HIGH(5V)를 내보낼 것인지 LOW(0V)를 내보낼 것인지 결정하는 문장.
digitalRead(핀번호)	디지털 핀에 입력되는 값을 읽는다.
analogWrite(핀번호,0~255)	디지털 핀에서 아날로그 전압(V)을 출력시킬 때 사용한다. 숫자 0을 사용하면 0V, 255이면 5V가 나온다. 디지털 핀 번호 앞에 ~ 표시가 있는 핀(PWM)만 가능하다.
analogRead(핀번호)	우노인 경우, 아날로그 핀 6개가 있다(A0~A5). 10비트 이어서 읽은 값이 1023이면 5V이고 0이면 0V이다.
delay(밀리초)	현재 상태를 밀리초 동안 유지(지연)하라는 명령이다.

tone(핀 번호, 주파수, 밀리초)	사용한 핀에서, 주파수(Hz 단위) 소리를, 밀리초 시간 동안 발생시킨다.
==	연산자이며 A==B이면 A에 있는 값과 B에 있는 값을 비교하여 같으면 참(1), 다르면 거짓(0)이라는 답을 내어 놓는다.
&&	연산자이며 X&&Y이면 X가 참(1)이고, Y도 참(1)일 때만 참(1)이라는 답을 내고 그렇지 않으면 거짓(0)이라 답한다.
if( ) { ~~ }	괄호 ( ) 안에 있는 값이 참(1)이면 이어지는 중괄호 {~~} 안에 있는 작업을 수행하고 거짓(0)이면 중괄호를 건너뛴다.
Serial.begin(속도)	셋업 안에서 시리얼 통신을 준비하는 것이다. 속도의 단위는 비트/초이다. 9600이면 초당 9600비트 전송이다.
Serial.print( )	루프 안에 위치하고, 괄호 ( ) 안에 X가 있으면 그 X값을 시리얼 모니터에 프린트한다. 괄호 안에 "X"로 되어 있으면 글자 X를 프린트한다.
Serial.println( )	위에 있는 Serial.print( )와 같은 작업을 한다. 단 프린트한 다음 줄을 바꾼다.

연산자 요약

표시	뜻	예
==	왼쪽과 오른쪽 비교	7 == 5이면 0, 7 == 7이면 1
! =	같지 않다.	7 ! = 5이면 1, 7 ! = 7이면 0
&&	왼쪽과 오른쪽 비교 모두 참일 때만 참	7 == 7 && 5 == 5이면 1 7 == 5 && 5 == 5이면 0
| |	왼쪽 또는 오른쪽 한 곳만 참이면 참	7 == 7 | | 7 == 5이면 1

부록 02

L298N 모터 드라이버 사용할 때

L298N 모터 드라이버 구동 방법은 앞에서 사용한 L9110S와 다르다.

먼저 각 핀들과 포트들을 살펴보자. [그림 2-1]

[그림 2-1] L298N 모터 드라이버

양쪽 측면에 모터 1과 모터 2가 있어 여기에 모터 1과 2를 연결한다.

배터리 +와 -에 배터리 팩에서 공급되는 +극과 -극을 연결한다.

+5V 출력인 곳에서 아두이노와 센서에 공급할 전원을 빼낸다.

가운데 있는 -는 공통 음극으로 사용하기 위하여 아두이노와 센서의 GND에 연결한다.

입력 1234라고 쓰인 부분의 보드 내 표시는 IN1~IN4이다.

입력 1과 2(IN1 과 IN2)는 모터 1을 컨트롤하기 위하여 아두이노와 연결하는 핀이다.

입력 3과 4는 모터 2를 컨트롤하기 위하여 역시 아두이노와 연결하는 핀이다.

모터의 속도를 조절하려면 모터 enable 점퍼 핀을 사용하여야 한다.

점퍼 캡을 뺀 다음 바깥쪽 핀을 아두이노에 연결하여야 한다.

J12는 12볼트 이상의 배터리를 사용할 경우 점퍼 캡을 해체하여 사용한다.

모터 1개 연결

이 드라이버는 용량이 2000mA이어서 비교적 큰 모터를 구동할 때 사용한다. 그러나 배터리 소모가 크다는 단점이 있다. 모터 1개를 L298N 드라이버에 연결한 [그림 2-2]의 스케치를 만들어 보자.

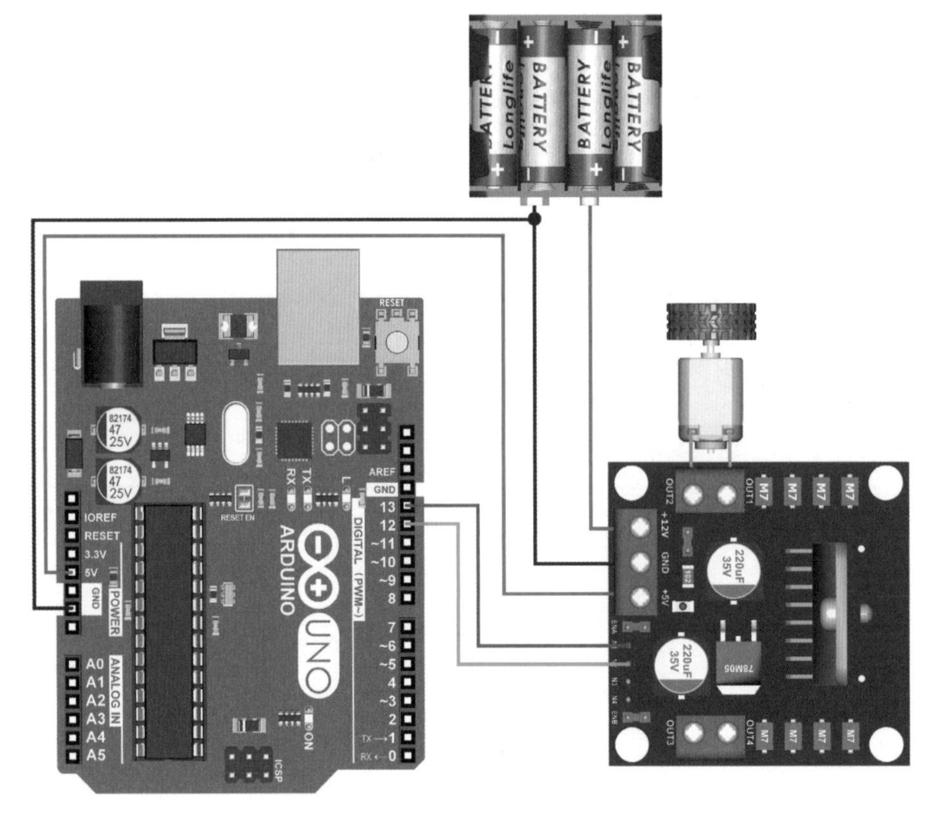

[그림 2-2] L298N 모터 드라이버와 모터 1개

[그림 2-3] 스케치를 보면 셋업에서 13번, 12번 핀을 모터 컨트롤 핀으로 사용하기 위하여 출력(OUTPUT)핀으로 준비하였다.

루프에서 전진인 경우 한쪽 핀은 HIGH, 다른 쪽 핀은 LOW로 한 것을 볼 수 있다. 후진인 경우는 전진과 반대로 LOW와 HIGH로 해주면 된다.

모터를 정지하려면 둘 다 LOW로 해주면 된다.

[그림 2-2]의 연결에서는 속도를 컨트롤할 수 없다.

아두이노

파일 편집 스케치 툴 도움말

L298N_1

```
01  // 모터 1개 드라이버에 연결 L298N
02  void setup() {
03   pinMode(13, OUTPUT) ; // 모터드라이버 IN1
04   pinMode(12, OUTPUT) ; // 모터드라이버 IN2
05  }
06
07  void loop() {
08   // 전진
09   digitalWrite(13, HIGH) ;
10   digitalWrite(12, LOW) ;
11   delay(3000) ;
12
13   // 후진
14   digitalWrite(13, LOW) ;
15   digitalWrite(12, HIGH) ;
16   delay(3000) ;
17
18   // 정지
19   digitalWrite(13, LOW) ;
20   digitalWrite(12, LOW) ;
21   delay(3000) ;
22  }
```

[그림 2-3] L298N 모터 드라이버 1 모터 스케치

02 L298N에서 모터 속도 조절

L298N 모터 드라이버에 있는 L298N 칩은 앞에서 설명한 L9110 칩과 형태와 기능이 다르다. [그림 2-4]
당연한 결과로 컨트롤하는 방법도 다르다.

이 칩에서 모터의 속도를 컨트롤 하려면 EN 핀에 있는 점퍼 캡을 열고 그곳에 있는 핀을 아두이노의 PWM 핀에 연결하여 속도를 조절하여야 한다.

[그림 2-4] L298N 칩

[그림 2-5]와 같은 회로일 때 속도와 방향을 컨트롤하는 스케치를 작성하자.

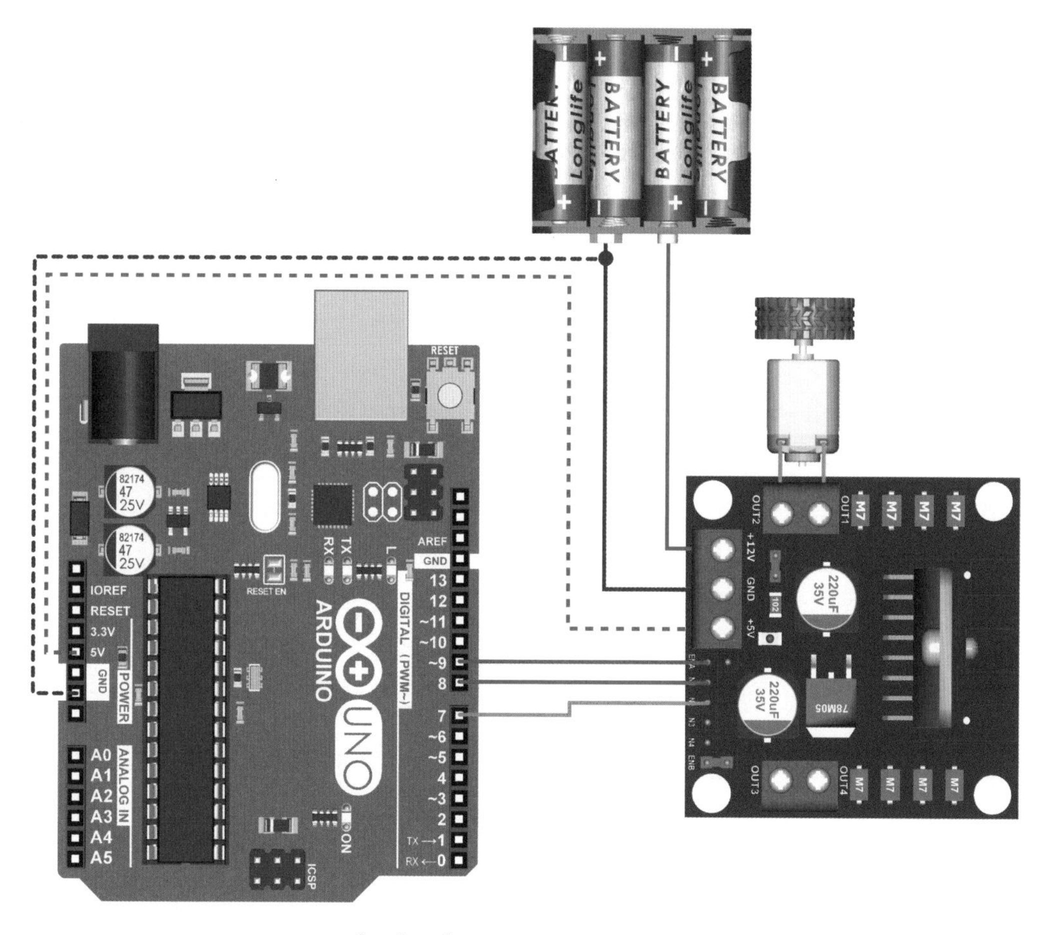

[그림 2-5] L298N 모터 속도조절 회로

[그림 2-6] 스케치의 셋업에서 디지털 핀 7, 8, 9를 출력으로 준비하였는데 7, 8은 모터의 방향을, 9는 PWM 기능을 가진 핀으로 속도를 컨트롤할 목적이다.

L298N 모터 드라이버에서 방향을 컨트롤하는 방법은 digitalWrite을 사용하여 한쪽 핀은 HIGH, 다른 쪽 핀은 LOW로 하면 된다.

루프에서 One direction이라고 쓰인 다음 라인을 보면 8번 핀은 HIGH, 7번 핀은 LOW, 9번 핀은 속도를 조절하기 위하여 analogWrite을 사용하였고 속도는 250으로 되어 있다.

정지인 Stop일 때는 7, 8번 모두 LOW이다. 이때는 analogWrite을 사용하지 않아도 된다.

아두이노

파일 편집 스케치 툴 도움말

L298N_Speed

```
01 // L298N 1 Motor Speed Contorl
02  void setup() {
03   pinMode(7, OUTPUT) ;
04   pinMode(8, OUTPUT) ;
05   pinMode(9, OUTPUT) ;
06  }
07
08  void loop() {
09   // One direction
10   digitalWrite(8, HIGH) ;
11   digitalWrite(7, LOW) ;
12   analogWrite(9, 250) ;
13   delay(3000) ;
14   // Opposite direction
15   digitalWrite(8, LOW) ;
16   digitalWrite(7, HIGH) ;
17   analogWrite(9, 100) ;
18   delay(3000) ;
19   // Stop
20   digitalWrite(7, LOW) ;
21   digitalWrite(8, LOW) ;
22   delay(3000) ;
23  }
```

[그림 2-6] L298N 모터 속도 컨트롤 스케치

03 L298N 모터 2개 연결

[그림 2-7]과 같이 모터 2개를 연결하고 스케치를 만들어 보자.

앞에서 모터 1개일 때를 보았기 때문에 특별한 것은 없다. 다만 한 번 더 연습한다는 취지에서 추가하였다.

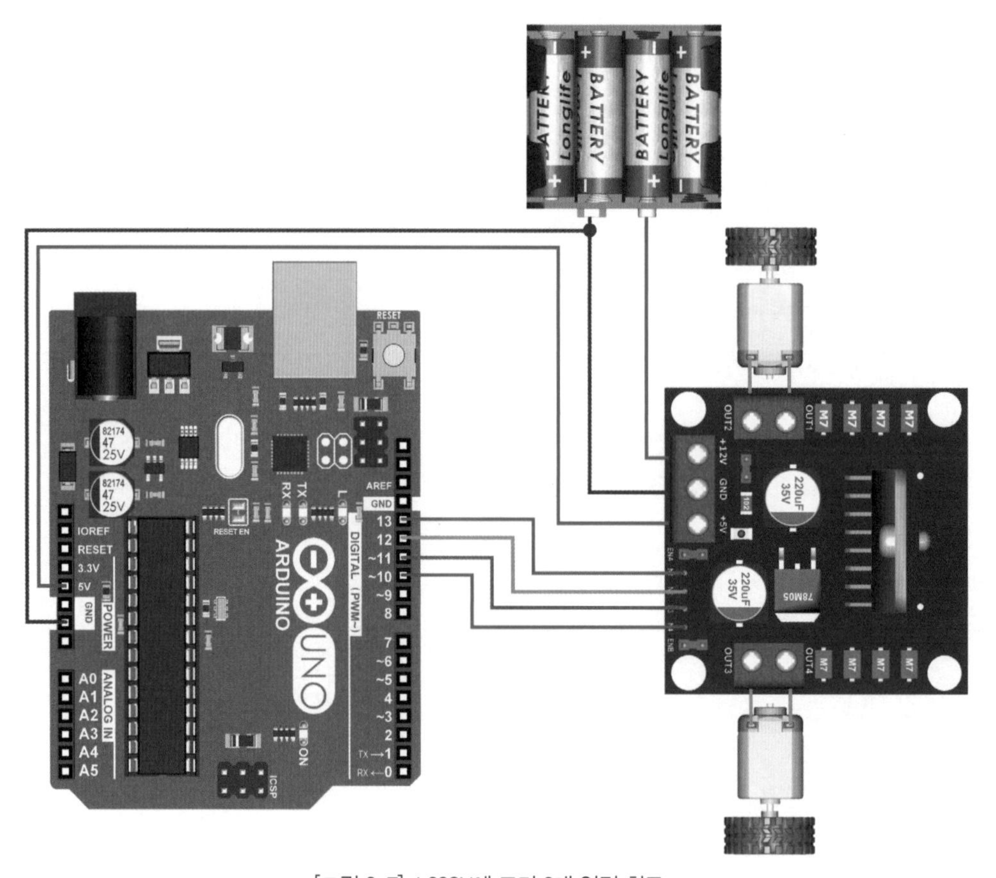

[그림 2-7] L298N에 모터 2개 연결 회로

[그림 2-8]은 L298N에 모터 2개를 컨트롤하는 스케치이다. 길어 보이지만 블록화해서 보면 복잡하지 않다.

아두이노

파일 편집 스케치 툴 도움말

L298N_Speed

```
01 // 모터 2개 드라이버에 연결 L298N
02  void setup() {
03   pinMode(13, OUTPUT) ; // 모터드라이버 IN1
04   pinMode(12, OUTPUT) ; // 모터드라이버 IN2
05   pinMode(11, OUTPUT) ; // 모터드라이버 IN3
06   pinMode(10, OUTPUT) ; // 모터드라이버 IN4
07  }
08
09  void loop() {
10   // 전진
11   digitalWrite(10, HIGH) ;
12   digitalWrite(11, LOW) ;
13   digitalWrite(12, HIGH) ;
14   digitalWrite(13, LOW) ;
15   delay(3000) ;
16
17   // 좌회전
18   digitalWrite(10, LOW) ;
19   digitalWrite(11, LOW) ;
20   digitalWrite(12, HIGH) ;
21   digitalWrite(13, LOW) ;
22   delay(3000) ;
23
24   // 우회전
25   digitalWrite(10, HIGH) ;
26   digitalWrite(11, LOW) ;
27   digitalWrite(12, LOW) ;
28   digitalWrite(13, LOW) ;
29   delay(3000) ;
30
31   // 정지
32   digitalWrite(10, LOW) ;
33   digitalWrite(11, LOW) ;
34   digitalWrite(12, LOW) ;
35   digitalWrite(13, LOW) ;
36   delay(1000) ;
37  }
```

[그림 2-8] L298N 모터 2개 컨트롤 스케치

부록 03

L298N 라인 주행 자동차 만들기

L298N을 앞에서 설명하였다.

이번에는 종합하여 [그림 3-1]과 같은 라인 주행 자동차를 만들어 보자.

상세 회로는 [그림 3-2]에 있다.

[그림 3-1] L298N 라인 주행 자동차

01 전체 회로

[그림 3-2]의 회로는 앞에서 설명한 부문별 회로를 하나로 종합한 것이다. 회로를 간단하게 하기 위하여 속도 컨트롤 연결은 하지 않았다. 그러나 필요한 독자는 앞에 있는 설명처럼 EN 핀을 활성화하면 된다.

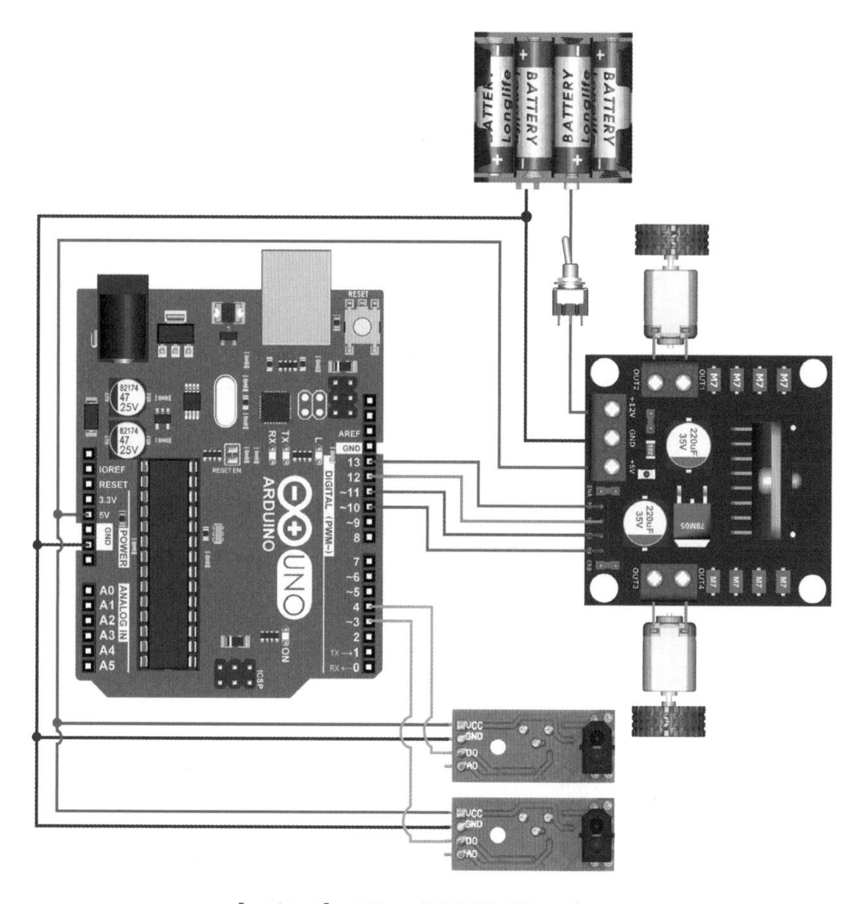

[그림 3-2] L298N 라인 주행 자동차 회로

전체 스케치

전체 스케치 [그림 3-3]은 L9110S 라인 자동차 스케치와 매우 유사하다. 다른 점은 analogWrite 대신 digitalWrite을 사용하였다는 점이다.

센서도 같은 핀에 연결하였다. 모터 컨트롤 목적으로 디지털 핀 10번부터 13번까지 4개를 사용하였다.

아두이노

파일 편집 스케치 툴 도움말

Line_tracer_2

```
01  // 자동차 라인 트레이서
02  int l,r;
03  void setup()  {
04    pinMode(10,OUTPUT); // 모터 컨트롤
05    pinMode(11,OUTPUT);
06    pinMode(12,OUTPUT);
07    pinMode(13,OUTPUT);
08
09    pinMode(4,INPUT);    // 라인센서
10    pinMode(3,INPUT);
11   }
12   // -------- 함수 만들기 ----------- //
13    void forward( )      // 전진
14     {
15      digitalWrite(10,HIGH);
16      digitalWrite(11,LOW);
17      digitalWrite(12,HIGH);
18      digitalWrite(13,LOW);
19
20      delayMicroseconds(20) ; // 조금 주행
```

```
21        brake( ) ;             // 정지
22     }
23
24    void L_turn( ) {           // 좌회전
25      digitalWrite(10,LOW);
26      digitalWrite(11,LOW);
27      digitalWrite(12,HIGH);
28      digitalWrite(13,LOW);
29    }
30
31     void R_turn( ) {         // 우회전
32      digitalWrite(10,HIGH);
33      digitalWrite(11,LOW);
34      digitalWrite(12,LOW);
35      digitalWrite(13,LOW);
36     }
37
38     void brake( ) {          // 정지
39      digitalWrite(10,LOW);
40      digitalWrite(11,LOW);
41      digitalWrite(12,LOW);
42      digitalWrite(13,LOW);
43     }
44
45   void loop() {
46
47    r=digitalRead(4);
48    l=digitalRead(3);
49
50    if(r==LOW && l==LOW)  // 모두 흰색이면
51    {  forward( ) ;   }   // 전진
52
53    if(r==HIGH && l==LOW)
54    {  L_turn( ) ;    }
55
56    if(r==LOW && l==HIGH)
57    {  R_turn( ) ;    }
58
59    if(r==HIGH && l==HIGH)  //모두 검정색이면
60    {  brake( ) ;    }      // 정지
61   }
```

[그림 3-3] L298N 라인 주행 자동차 스케치

부록 04

모터 실드 사용 모터 컨트롤

모터 실드는 [그림 4-1]처럼 아두이노 보드 위에 놓고 누르면 연결된다.

모터 실드 V.1 버전에는 L293D H 브리지 칩을 2개를 사용하고 있다.

왼쪽에 있는 포트에 모터 1과 2를, 오른쪽에 있는 포트에 모터 3과 4를 연결한다.

모터 포트 사이에 있는 포트는 GND인데 사용하지 않아도 된다.

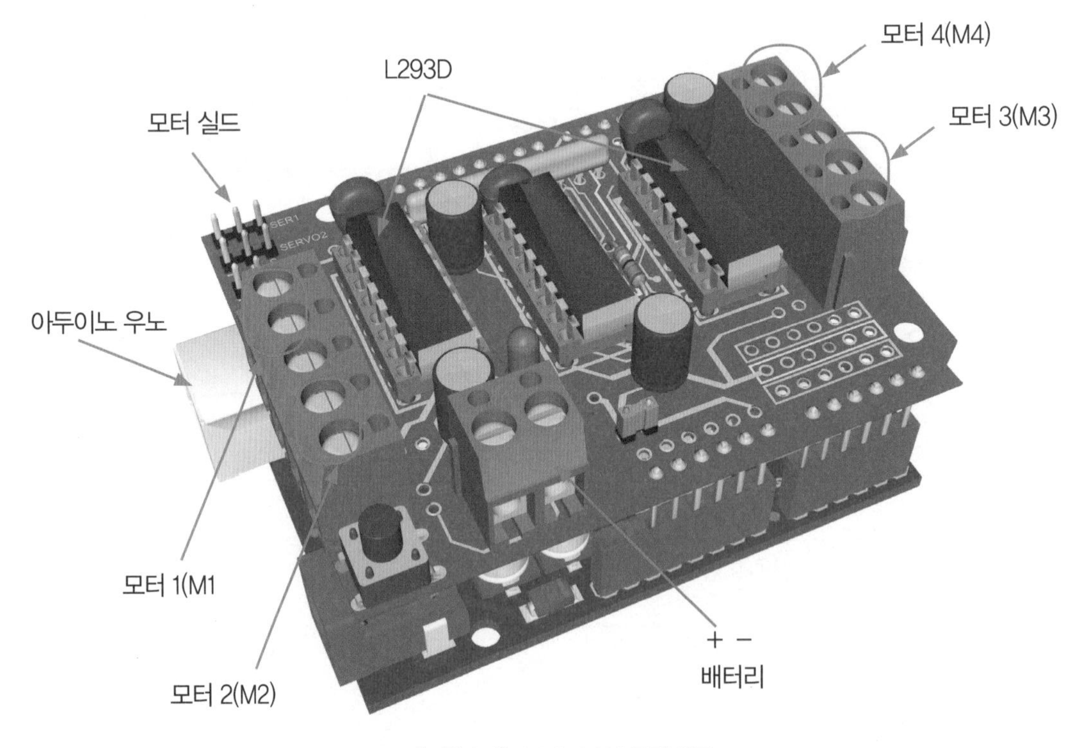

[그림 4-1] Adafruit V.1 모터 실드

[그림 4-2]에 있는 L293D 칩의 구동 방법은 앞에서 설명한 L298N칩과 유사하다. 칩 1개에서 2개의 DC 모터를 컨트롤할 수 있다.

Enable 1과 Enable 2는 PWM으로 모터 1과 2의 속도를 컨트롤하는 핀이다.
Input 1과 Input 2는 아두이노에 연결하고, Output 1과 Output 2는 모터 1에 연결한다.

GND는 둘 다 아두이노의 GND에 연결하고, Vs에는 배터리에서 나오는 전원을 연결한다.
16번에 있는 Vss는 아두이노 5V에 연결한다.

모터 2를 컨트롤하는 오른쪽 핀들도 같은 방법으로 연결한다.

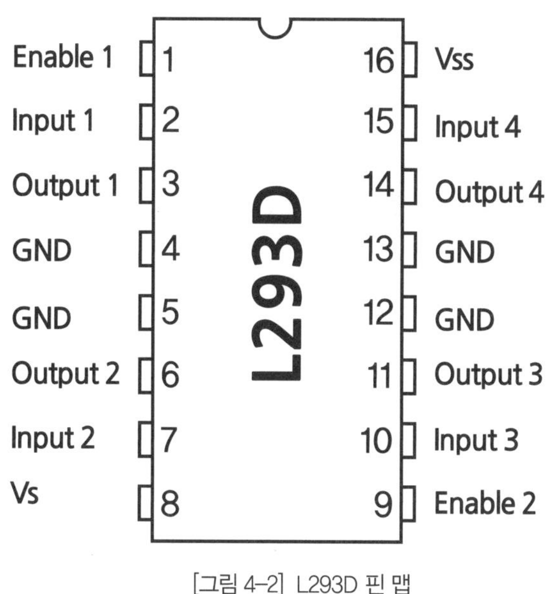

[그림 4-2] L293D 핀 맵

L293D 칩 전류 용량은 채널당 600㎃이다.

[그림 4-3]은 Adafruit 사의 V.1 모터 실드에 모터 1개를 연결한 회로이다. 모터를 컨트롤 스케치를 만들어 보자.

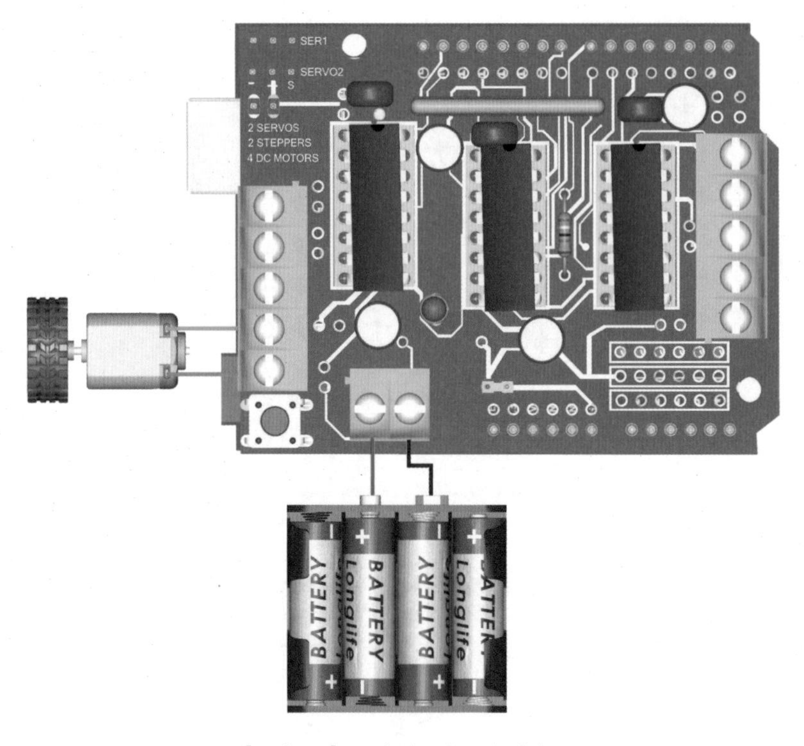

[그림 4-3] 모터 실드와 모터 연결

이 Adafruit 사의 모터 실드를 사용하려면 Github라는 공공 전자 도서관을 방문하여 라이브러리를 다운받아 사용하여야 한다.

[그림 4-4]처럼 구글에서 github adafruit motor shield를 입력하면 나오는 사이트 중에서 V1을 확인한 다음 클릭하여 방문한다.

[그림 4-4] 모터 실드 github 사이트 찾기

Github 사이트에서 [그림 4-5]의 오른쪽 download를 클릭하면 ZIP파일을 컴퓨터에 다운로드할 수 있다.

파일을 아두이노 IDE에 넣는 방법은 메뉴 바의 〈스케치→라이브러리 포함하기→.ZIP 추가〉에서 다운로드한 파일을 선택해주면 된다.

[그림 4-5] Adafruit 모터 실드 라이브러리

이제 준비는 모두 마쳤으니 [그림 4-6]에 있는 작성된 스케치를 보자.

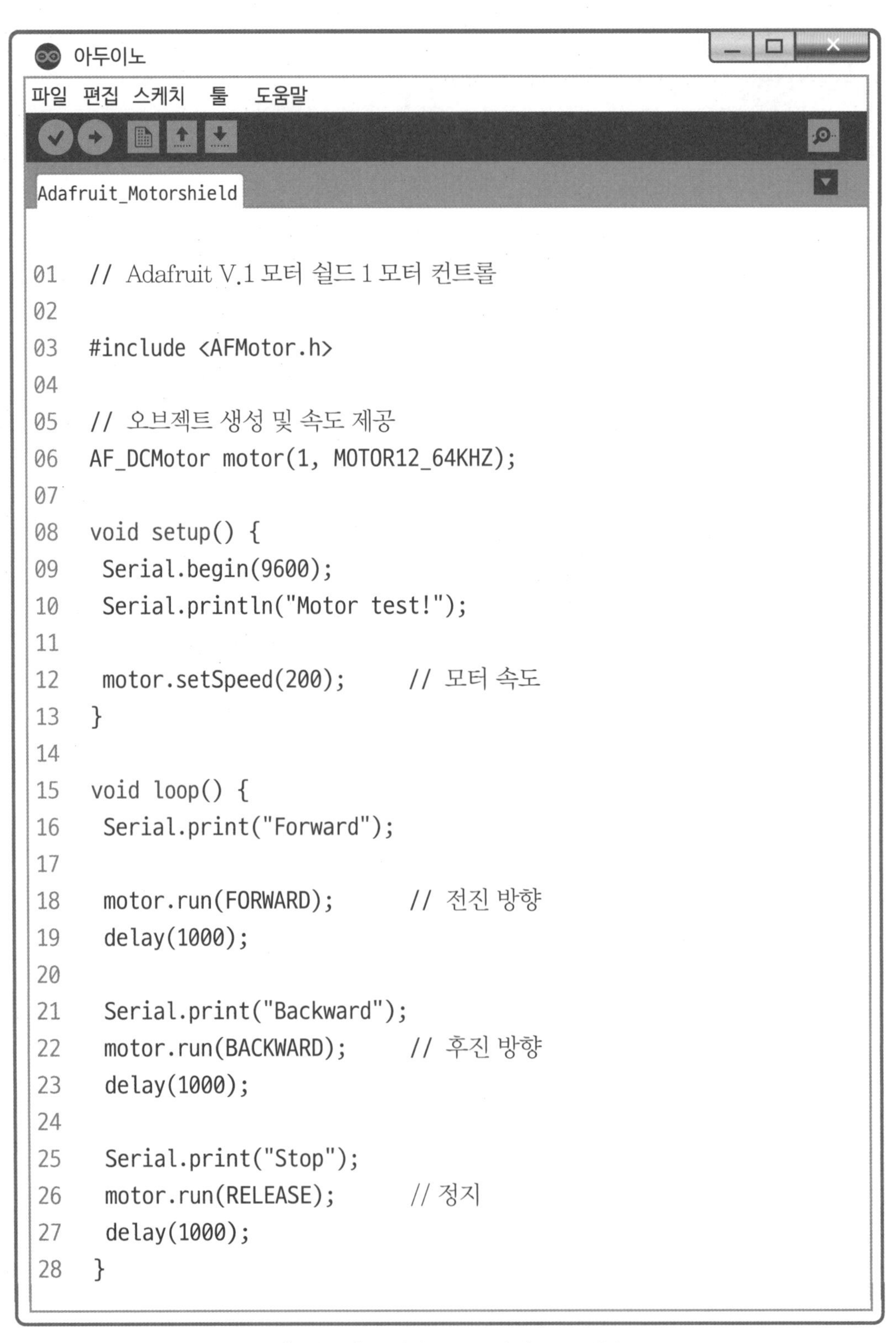


```
01  // Adafruit V.1 모터 쉴드 1 모터 컨트롤
02
03  #include <AFMotor.h>
04
05  // 오브젝트 생성 및 속도 제공
06  AF_DCMotor motor(1, MOTOR12_64KHZ);
07
08  void setup() {
09   Serial.begin(9600);
10   Serial.println("Motor test!");
11
12   motor.setSpeed(200);      // 모터 속도
13  }
14
15  void loop() {
16   Serial.print("Forward");
17
18   motor.run(FORWARD);       // 전진 방향
19   delay(1000);
20
21   Serial.print("Backward");
22   motor.run(BACKWARD);      // 후진 방향
23   delay(1000);
24
25   Serial.print("Stop");
26   motor.run(RELEASE);       // 정지
27   delay(1000);
28  }
```

[그림 4-6] 모터실드 DC 모터 테스트 스케치

[그림 4-6] 스케치를 보면 #include라는 단어가 나온다.
이것은 전처리(preprocessor)라고 하는 것인데 이어지는 <AFMotor.h> 라이브러리를 사용한다는 것을 스케치에게 알려 주는 것이다.

6번 줄에서 AF_DCMotor motor는 라이브러리 안에 있는 함수들을 사용할 때 앞에 motor라는 이름을 주고 사용하겠다고 라이브러리에게 알려 주는 것이며, motor라는 이름은 저자가 작명한 것이다. 어떤 이름을 사용해도 된다.
임의로 작명한 motor 이름은 사용한 예에서 다시 설명하기로 하고 motor 안에 있는(1, MOTOR12_64KHZ)에서 1은 두 번째 모터 포트인 M2를 사용한다는 것이다. 디지털 세계에서 순서는 0부터 시작한다.
그래서 첫 번째인 모터 1(M1)을 사용하려면 0이다. 다음에 있는 파라미터인 MOTOR12_64KHZ는 모터 M1 및 M2를 사용할 때는 내부 시간 주파수를 64KHZ로 사용한다는 것이다.

12번 줄에 있는 motor.SetSpeed(200)에서 motor는 내가 라이브러리에 있는 함수를 사용한다는 것을 스케치에 알려주는 것이고, 이어지는 SetSpeed는 라이브러리에 있는 속도 함수 이름이다. 여기에서는 속도 200을 사용하였다.

스케치 업로드 완료 후 시리얼 모니터를 열면 [그림 4-7]처럼 모터 회전에 결과가 프린트 되는 것을 볼 수 있다.

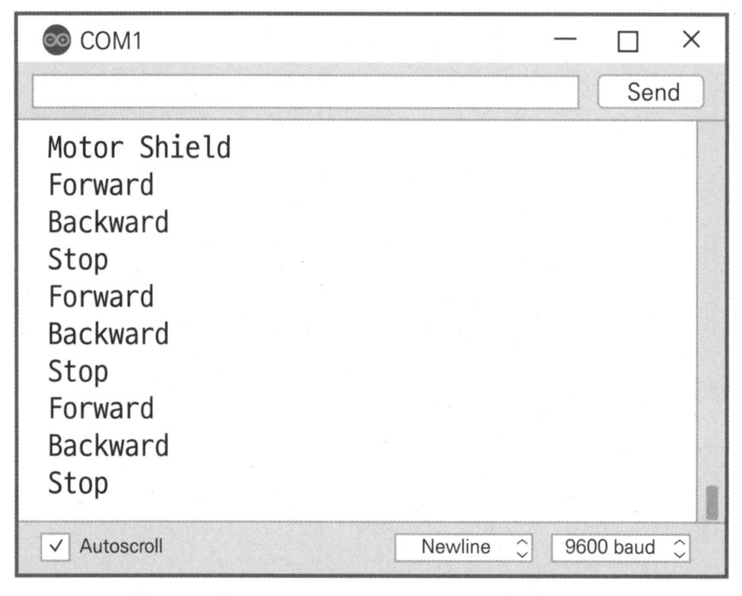

[그림 4-7] 모터 실드 결과 시리얼 모니터에서 확인

Adafruit 사의 V.1과 동일한 제품으로 [그림 4-8]에 있는 DK Electronics 사의 실드도 있다. 현재는 성능이 향상된 V.2 버전 모터 실드도 판매되고 있다.

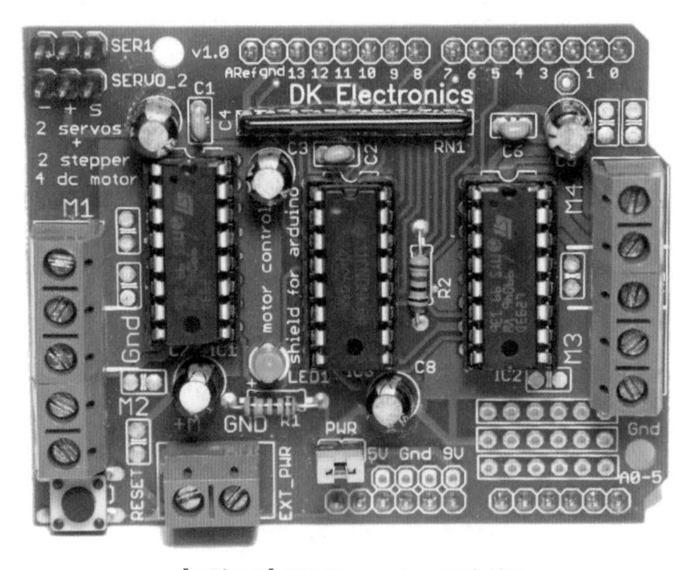

[그림 4-8] DK Electronics 모터 실드

양세훈 교수의 서울대 공학체험교실 강의

arduino